## 感谢同程旅游对本书出版的支持

成果归属：北京联合大学旅游规划与发展研究院

U0350952

NATIONAL PARK:
WORLD EXPERIENCE
AND CHINESE PRACTICE

# 国家公园：
## 他山之石与
## 中国实践

杨彦锋 杨建美 吕敏 曾安明 龙飞 著

中国旅游出版社

# 前　言

　　"观天之道，执天之行"。先人循天之序，遵地之理的自然哲学给面临严重生态环境挑战的现代人以启迪。随着生态文明建设被提升至中华民族永续发展千年大计、根本大计的战略高度，人与自然的和谐共生成为满足人民美好生活愿景的共同追求。

　　2018 年 4 月 10 日，中华人民共和国国家公园管理局的挂牌成立是自然保护领域具有里程碑意义的事件，其将以"建设美丽中国和维护中华民族永续发展的生态空间"为使命，开展以国家公园为主体的自然保护地体系建设，推进自然保护领域的深刻变革。我国国家公园建设将遵循"生态保护第一、国家代表性、全民公益性"的发展理念，秉承"国家所有、全民共享、世代传承"的价值取向，转变传统自然遗产的利用理念，积极探索生态系统服务模式的转型创新，还自然资源为全民福祉的应有之义。本书第一、二篇便从理论和实践的视角对国家公园进行了解读。

　　如今，我国国家公园设立标准和布局规划工作已正式启动，共计划建设60~200 个国家公园，覆盖我国国土面积的近 1/10，《国家公园法》草案也即将形成。

　　"保护生态环境、实现可持续发展"是全人类的共识和追求。我国国家公园建设的探索需要有立足国内、放眼国际的开放精神，"站在巨人的肩膀上"，以更深邃的洞察力和清醒的认识推进具有科学性和前瞻性的当代实践。"FOR THE BENEFIT AND ENJOYMENT OF THE PEOPLE"，这句两百多年前树立在黄石国家公园门口的标语依旧是当代各国践行国家公园理念时的普遍共识。深入剖析以美国国家公园为代表的国际经验可以为我国国家公园建设提供他山之石，本书第三篇就从中美国家公园体制比较的视角展开对我国国家公园建设的路径思考。

"有天地，然后万物生焉"。人与自然是生命共同体，命脉相通、和谐共融；生态兴，则文明兴，文明兴，则国梦圆。谨以此书为我国国家公园建设贡献绵薄之力，以期抛砖引玉，引起各界对此更加广泛而深入的探讨。

作者

2018 年 7 月

CONTENTS
# 目 录

## 第一篇 人间天堂之国家公园

## 第二篇 百家争鸣之学术探讨

# 第三篇　他山之石之中美比较

# 第一篇

## 人间天堂之国家公园

# 第一章 国家公园的前世今生

## 第一节 "国家公园"何许物也

不知你是否想象过，在自己最富激情和活力的年纪，与志同道合的伙伴或心有灵犀的伴侣一起踏上一段未知的旅程，将平日的喧嚣浮华置身世外，彻底沉浸于无穷无际、波澜壮阔的自然世界，用身体里每处跳跃的细胞去感受自然奇妙灵动的鬼斧神工，用一种静待花开的心境去体味超然物外的世间风景。

或者，不知你是否想过，如果要在纯粹的自然归属与声色犬马的功名之间进行取舍，你又将作何选择。其实，对这两个情境的抉择便预示着国家公园产生的前提和归宿。是的，人们很难不受追求钟鼓馔玉、功名利禄生活的牵绊，也从未停止过对霓为衣兮风为马的天人合一境界的向往，而国家公园的存在，便是对那份超脱尘世、致敬自然的心灵净土的守护，让我们不被滚滚的欲望洪流所淹没，始终保持对自然和科学的敬畏和尊崇。

正如我们所知道的，"国家公园（National Park）"的概念作为一个专有名词最早诞生于美国。在 1870 年的秋天，第二次工业革命正如火如荼地在世界各地展开，在美国西部的黄石地区，一群探险者恰巧路过这片地方，其中有商人、地方官员及新闻记者。在返程途中，他们意外地发现了包括如今被称为黄石国家公园老忠实泉在内的大大小小近百个间歇泉，从未见过如此壮阔场面的探险队无比兴奋地讨论着对这一惊喜发现该如何处置，好长一段时间探险队员们都在讨论着如何抢先占据最有前途的间歇泉盆地地区，通过垄断性的旅游开发来获得一夜暴富的机会，然而，一位毕业于耶鲁大学的年轻律师科尼利厄斯·赫奇斯（Cornelius Hedges）却说出了一个与众不同的想法，同行队伍中一位名为朗福德（Nathaniel P. Langford）的队员将其记录了下来：

> 那个区域的任何一块地盘都不应该是私人所有，应将整块地盘划出来设为一座伟大的国家公园，而我们每个成员都应该为实现这个目标付出一份努力。

（Langford，1905：p117–118）

据朗福德记录，赫奇斯的想法一经提出，便受到了大家的热烈响应和赞同。随着讨论的不断推进和认识的不断深入，这个想法逐渐被越来越多的人接受。对于赫奇斯是否所出其言，队员们是否一致赞成，百年之后的我们如今已经不得而知，但将自然景观作为公共资源的理念的确是从那时便受到了格外关注，这场在美国黄石地区荒野营火中诞生的"国家公园"概念，便成了如今美国国家公园理念的雏形。

让我们回到 19 世纪后半叶的美国，那时的美国就像一个激情饱满、铿锵有力的青年，正步伐矫健地迈入所谓的"镀金时代"。这一时期，美国的工业产值迅速赶超英、法、德等欧洲强国，社会财富急剧积累。但是，美国现代化发展中所秉承的人与自然的对立理念，使经济的迅猛扩张带来了严重的资源浪费、环境破坏和各种各样的生态问题。与此同时，一些美国人的环境观念逐渐转变，原来对自然的敌视和厌恶逐渐被一种欣赏和亲近之情所代替。

正如著名的保护主义者约翰·缪尔（John Muir）所说的那样 [①]：

　　成千上万的疲惫、精力衰竭和过度文明化的人们开始发现，到大山中去就是到家里去，荒野（"The Wild Parks and Forest Reservations of the West"）就是一种必需品。

　　各种资源的迅速消失、日益严重的环境问题让越来越多的美国人开始认识到保护资源和环境的重要性，不断推进的城市化让越来越远离自然的人们日益思念那曾经逝去的荒野和森林。由来自不同领域的文人学者、艺术家、野外活动家和社会上层人士等组成的民间保护主义团体很早就认识到了环境破坏所引起的问题，他们不断地呼吁进行自然资源的保护。著有《瓦尔登湖》的超验主义者亨利·梭罗便是秉持这一理念的典型代表。

　　正是在上述各种力量的推动下，到 19 世纪后期，美国人的环境观念已悄然发生了变化，越来越多的美国人认识到了他们所面临的环境问题的严重性，重新思考人与自然之间的关系。终于，在民间保护力量和联邦政府的共同努力下，北美历史上出现了轰轰烈烈的资源保护运动，这些行动不仅初步确立了资源保护政策的基本框架，也进一步推动了美国人环境观念的深刻转变 [②]。

　　正是在这样的时代背景下，注重环境资源保护而非一味开发的国家公园的概念应运而生并受到越来越多人的支持。当然它的产生并非一蹴而就，其起源也众说纷纭。

　　一些人认为："国家公园"作为一种思想最早可追溯到 1810 年的英国，当时它被称为 "national property" 而非 "national park"。1832 年，一位名为乔治·卡特林（George Catlin，1796~1872）的美国艺术家呼吁美国政府制定保护政策设立一个伟大的公园（magnificent park），一个国家的公园（nation's

---

① The Writings of John Muir, Vol. Ⅵ, Our National Parks [M], Boston：Houghton Mifflin Company, 1916, 3.

② 付成双.19 世纪后期美国人环境观念转变的原因探析 [J]. 史学集刊, 2012（4）：79–87.

park）。1868年，乔赛亚·惠特尼（Josiah Whitney）撰写的《约塞米蒂指南》中，把约塞米蒂描写成"国家公共公园"（Runte，1990：33）。当时这一概念只是用作描述词，而非正规称号。直到1872年，在万千有识之士的不断呼吁下，美国国会划出200万公顷以"为人民福利和快乐提供公共场所和娱乐活动的场地"为宗旨建设了世界上第一个国家公园——黄石国家公园，并通过立法对国家公园进行控制和监管，以保持公园的自然状态。国家公园也正式从虚无缥缈的讨论开始进入实践。对于"国家公园"这一概念究竟诞生于何时何地，笔者认为也不必过于深究，毕竟环境保护和资源共享的思想并非现代人的独特发明，而是自人类文明诞生以来就绵延存续的普遍共识。

对于国家公园的内涵，不同的国家、视角和背景对此也有不同的认识。在荒野史学家罗德里克·纳什（Roderick Nash）看来，国家公园是"美国人的发明"，源自"通常与大自然，尤其是与荒野之间的独特经历"，"国家公园的概念反映了美国文化的一些核心价值和经历"（Nash，1970：726），也如艾尔弗雷德·朗特（Alfred Runte）所言，"美利坚合众国因《独立宣言》和宪法而备受世人赞赏，同时还给世界留下了景观民主的绝佳典范——国家公园理念（1984：5）"。

不同于美国对荒野自然的推崇，英国则把国家公园的重点放在了乡村。通往乡村的游憩活动是英国国家公园使命的重要因素，但同时也表达了要保留"传统景观"和创造这种景观的综合性农业实践，包括在国家公园指定区域内长期延续下来的私有土地所有权（MacEwen，1982）。

正如《道尔报告》中所言，国家公园是"一个开阔的风景秀美而相对带有原始乡村风貌的区域，其用途是为了国家的利益，并通过恰当的国家决策和行动予以保障：①其特色美景得到严格保护；②为户外享用提供充足的可接近条件和设施；③恰当保护野生动物及有建筑价值和历史价值的房屋和遗迹；④有效维护常规的农业利用方式"（Dower，1945：6）。

在瑞典，国家公园则包含着更多的将自然界看作科学对象的思想（Odman

et al.，1982），"国家公园"一词强调了大自然的爱国主义含义，既是瑞典民族统一的象征，也被认为是针对大自然的共同体验（Sorlin，1988；Mels，1999；Sundin，2001）。

美国提供了国家公园最初的创意，但国家公园的理念并不仅仅局限于美国对国家公园的理解，不同的国家秉承着国家公园最核心的理念，根据各自不同的自然资源环境、社会文化背景等因素因地制宜地将这一普世理念本土化，各自在自然特征、保护对象和管理目标等内容上求同存异，在发展不同国家公园具体内涵的同时也践行着普遍性与特殊性的有机结合的准则。

成立于1948年的世界自然保护联盟（IUCN）是由联合国教科文组织发起的政府间国际组织，至今已有来自160多个国家的15000多名科学家参与其中，其在1962年对世界自然保护地进行的国际性的命名和分类指南（如表1-1）已成为一个自然保护地全球性标准和划分自然保护地类型的通用方法。

IUCN在划分不同类型自然保护地的同时沿用了"国家公园"这一概念，并在总结不同国家对国家公园建设的经验教训基础上提出国家公园的定义。如今，这一定义已成为国家公园内涵的重要依据和国际标准。

表 1-1　IUCN 六大保护地管理类型

| 保护地类别 | | 名称 |
| --- | --- | --- |
| I | $I_a$ | 严格自然保护区（Strict Nature Reserve） |
| | $I_b$ | 自然荒野地（Wilderness Area） |
| II | | 国家公园（National Park） |
| III | | 自然纪念物或者特征（Nature Monument or Feature） |
| IV | | 栖息地/物种管理地（Habitat/Species Management Area） |
| V | | 风景/海景保护地（Protected Landscape/Seascape） |
| VI | | 自然资源可持续利用保护地（Protected Area with Sustainable Use of Natural Resources） |

资料来源：舒旻.国家公园技术标准体系框架——云南的探索与实践［M］.昆明：云南人民出版社，2014：7-9.

1969 年，IUCN 将国家公园归为 6 种保护区中的一个类别，并在随后产生了巨大影响。根据 2013 年 IUCN 的指南，对于类别 II 国家公园的定义是指"大面积的自然或接近自然的区域，设立的目的是保护大规模（大尺度）的生态过程，以及相关的物种和生态系统特性。这些保护区提供了环境和文化兼容的精神享受、科研、教育、娱乐和参观机会的基础"（Dudley，2013）。

在实践中，一些国家对国家公园的分类则是依据 IUCN 其他不同的管理类型，虽然称之为国家公园，但在自然特征、保护对象和管理体制等方面差异极大，分别属于不同的保护区类型①。与一般的自然保护地相比，国家公园范围更大、生态系统更完整、原真性更强、管理层级更高、保护更严格，突出原真性和完整性保护，是构建自然保护地体系的"四梁八柱"，在自然保护地体系中占有主体地位。

国家公园是人类文明发展到一定阶段后的必然产物，它的出现推动了自然保护事业的兴起和发展，不仅创造了人类社会保护自然生态环境的新形式，也引发了世界性的自然保护运动。自 1872 年美国黄石国家公园诞生以来，国家公园这种自然保护地的模式已经在全球 200 多个国家通行。

国家公园的概念，因时而异、因势而异，不断变化以适应复杂多变的环境，也因此，其能在秉持核心理念的同时始终保持着顽强的生命力不断在世界开花结果，让越来越多脆弱柔软的嫩土与人迹罕至的荒野成为无数人荡涤心灵、升华灵魂的朝圣之地，让人类与自然在这渺小星球中的一片片净土中始终保持微妙美好的完美平衡。

国家公园，就是那个始终令你魂牵梦绕的人间天堂。

---

① 吴平.世界自然保护联盟规则体系及其实践对我国建立国家公园体制的启示［N］.中国经济时报，2015-11-30.

# 第二节　遍布世界的国家公园

国家公园自诞生之日起，就凭着顽强的生命力不断扩大其在世界的影响力。自 1872 年美国国会批准设立了美国、也是世界最早的国家公园——黄石国家公园以来，全世界已有 200 多个国家设立了多达数千处风情各异、规模不等的国家公园[①]。它们均经历了不同的发展历程和格局，形成了各具特色的国家公园体系和保护理念。

各国不同的政治、经济和文化背景催生出不同的国家公园体制。虽然国家公园体制各异、类型不同，但是各国的国家公园都是保护地体系中代表国家自然和文化核心特质的一类保护地[②]。殊途同归，各国国家公园设立的目的都是保护国家最富文化和自然特征的风景，创造出具有国家和民族象征意义的公共乐园。这些国家在国家公园体制建设中积累的经验和教训有助于我们加深对国家公园的认知和把握，设计出"既与国际接轨又符合中国国情"的中国国家公园体制。

提到国家公园，便不得不提到美国。美国著名历史学家、哈佛大学教授 Arthur Schlesinge Sr. 曾撰文称，美国向世界做出了诸如联邦主义原则、慈善精神、公立学校等 10 项贡献。对此，美国著名环境史学家 Roderick Nash 认为，"他本来应该再加上一项——国家公园"[③]。美国国家公园开创了出于公众利益而保护自然资源的新模式，对世界其他国家的自然资源保护起到了重要

---

① 因国家公园定义的参数尚未确定，世界上的国家公园具体数量有待商榷.
② 吴承照，刘广宁. 中国建立国家公园的意义 [ J ]. 旅游学刊，2015（6）：14–16.
③ Roderick Nash. The American invention of National Parks [ J ]. American Quarterly，1970，22（3）：726–735.

的示范作用，深刻地影响了世界国家公园的发展历史①。

与欧洲丰富的历史文化相比，美国缺少历史名胜古迹，亦没有长久流传的古老文化，于是美国人便在自然原野中找寻营造本国形象的线索。正如李政亮所说，在现代民主国家的形成过程中，风景成为建构"想象共同体"文化政治的重要媒介②。美洲政治家借用欧洲在 18 世纪兴起的"原野欣赏和荒野景观崇拜"思想和实践经验，将国家公园政策的理论和实践进行艺术化再造③，美国建设国家公园的目标一开始就包含着这样的政治文化因素，其初衷之一便是通过国家公园的设立为美国民众树立完整、统一的国家认同，政府作为国家公园体系的主导推动形成了美国独特的中央集权制国家公园体系。

如果我们有机会详细探究美国国家公园体制的来龙去脉和前因后果，那么我们不仅能通过对 100 多年美国国家公园建设历史的纵览来了解该体制在发展过程中的矛盾与冲突，在回顾美国国家公园建设的一次次完善和创新中找到形成国家公园科学体制机制的核心要素和有效路径，这也有助于我们"站在巨人的肩膀上"思考哪些成功经验可以为我们所用，避免重走不必要的弯路。

我们之所以能够在美国国家公园建设中得到如此多的参考，不仅仅是因为它是国家公园建设历史最悠久、经验最丰富、体系最完善的国家之一，也因其独特的中央集权制国家公园体系在我国情境下的独特参照作用，从国家公园发展的体量、建设思路和发展路径上都能让我国国家公园建设者产生更多的共鸣和思考。因此，文书第三篇"他山之石之中美比较"中运用较多篇幅对美国国家公园建设的内容进行了深入细致的分析，并在中美国家公园的对照中进行总结，提出中国国家公园体制建设的建议方案，在此不再

① 高科.公益性、制度化与科学管理：美国国家公园管理的历史经验［J］.旅游学刊，2015，30（5）：3-5.
② 李政亮.风景民族主义［J］.读书，2009（2）：79.
③ 王永生.自然的恩赐——国家公园百年回首［J］.生态经济，2004（6）：40-51.

赘述。

当然，这片蓝色星球上栖息着多如繁星的国家公园，美国国家公园只是星空一隅。由于各个国家和地区在社会制度、经济基础、历史发展、文化背景、人口素质等方面存在诸多差异，其发展的侧重点和方向各不相同，国家公园在各典型国家和地区的建设经验都会给我们带来新的思考和感悟。

受篇幅所限，此处无法一一展开介绍。下面，我们仅以英国、澳大利亚和中国台湾三个较具代表性并相对成功的地区为例，分析三地国家公园建设的具体举措。让我们在穿越风情各异的各处国家公园的同时，在其发展的多样性中领悟其发展内涵的统一性。

## 英国国家公园——开放式的"乡村公园"

英国众多浪漫主义诗人（如 William Wordsworth 等）对英国湖区的赞颂激发了广大英国民众对乡村田园风光的向往（Sharpley，2005）。但同时，英国私有制的土地制度使得大部分风景优美的乡村地区都未向公众开放，只集中在王宫贵族和一些私人手上。

1949 年，英国议会通过了《国家公园与乡村进入法》（*National Parks and Access to the Countryside Act*），将具有代表性风景或动植物群落的地区划为国家公园，由国家进行保护和管理，由当地政府具体执行[1]。这也是英国首次设立的包括国家公园在内的国家保护地体系。

20 世纪 50 年代，包括湖区在内的 10 个国家公园成为英国首批国家公园。目前全英国共有 15 个国家公园，总面积占英国国土面积的 12.7%[2]（见图 1-1）。

---

[1]　Sheail.J. An Environmental History of Twentieth Century Britain[M]. Basingstoke：Palgrave，2002.

[2]　Department for Environment，Food and Rural Affairs.UK government vision and circular 2010：English National Parks and the Broads［EB/OL］. 2017-07-12. http://archive.defra.gov.uk/rural/documents/national-parks/vision-circular2010.pdf/.

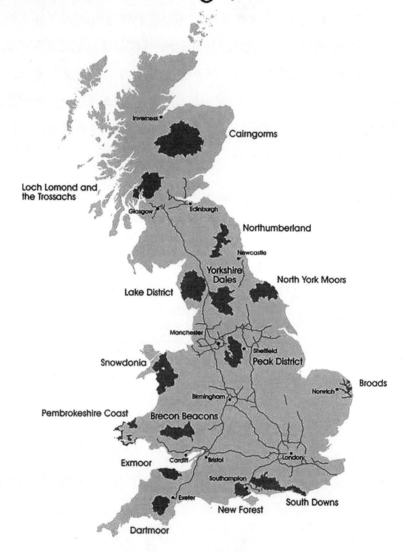

图1-1　英国国家公园分布图

国家公园的土地私有性与国家公园本身的公共性之间的矛盾是英国国家公园管理的特有状况（王应临等，2013）。英国国土面积小、人口密度大并且拥有悠久的人类聚居历史和较多的人类活动，而其中大部分为私有土地，且有大量的居民生活其中，这使其国家公园土地权属复杂。

英国乡村长期以来就有自治的传统，其国家公园也附带着一定的生产性，国家公园内有大量居民居住，被称为 living landscape（Xu，et al.2014）。当地居民的生产和生活都需要依靠国家公园。英国国家公园的发展目标中明确规定：鼓励进行多种经济开发。娱乐和旅游只作为公园开发的一部分，按照生产生活与自然旅游相结合的原则有控制地加以开展[①]。这一区别成为英国国家公园不同于美国、中国台湾、加拿大等地的国家公园的显著特点。

经过不断探索，英国在处理国家公园的公共性与私有性、生产性和保护性等矛盾方面逐渐形成了一套较为独特的体制。政府没有采取没收土地变为国有的做法，而是采取了较为温和的政策——通过灵活而复杂的"分权制"管理模式，鼓励利益相关者相互对话，进行协调国家公园的管理。土地私有的权属关系也形成了英国社区对公园管理参与度较高的特色。

鉴于英国土地私有制的所有权制度，政府一般通过规划管治手段对国家公园进行保护和开发管理。英国环境、食品和乡村事务部（DEFRA）对英国国家公园进行统一宏观管理，强调环境保育和对环境负责任的开发，对自然旅游的开发控制比较严格。

同时每个国家公园又都有自己的国家公园管理局，其经费多由政府资助，受英国 DEFRA 管理。国家公园管理局经费由中央财政拨款，其任务包括制定地方层次的管理规划，限制土地利用发展，为土地拥有者提供管理框架，并提供规划审批服务，满足休憩娱乐需求等[②]。

---

① 周正国.参加国家森林公园拓展训练所想到的［EB/OL］. http://blog.ce .cn/htm l/26/106926–23931. html，2007–07–25.

② 程绍文，徐菲菲，张捷.中英风景名胜区/国家公园自然旅游规划管治模式比较——以中国九寨沟国家级风景名胜区和英国 New Forest（NF）国家公园为例［J］. 中国园林，2009，25（7）：43–48.

由于英国的国家公园管理局没有很高的行政地位，其对于国家公园的保护和旅游开发管理一般会通过协作与规划许可的方式进行，进行规划管制和规划申请的许可审批服务，注重社区和公众参与，并在旅游开发过程中进行积极的利益协调促进一致目标的达成，各个国家公园需要与地方政府、旅游局、环保局、NGO 组织、企业和土地所有者等进行合作协调，且负责筹集其他来源的资金，以此来管理公众步行进入国家公园开放地区的权益。这种利益协调机制有利于管理决策的民主化，但也易造成决策困难等问题，一定程度上影响了管理效率。

英国的国家公园没有北美国家公园那样大面积的荒野区，大多具有明显的乡村性和半乡村性，其公园管理一直追求传统文化和经济活动与乡村自然生态之间的协调和融合[①]。英国所有的国家公园都存在农耕，而且主要是以传统的农耕方式进行，此特性也吸引了大量游客前往欣赏。

## 澳大利亚国家公园——保护为重的"生态公园"

澳大利亚是世界上较早建立国家公园的国家之一。1879 年，澳大利亚将悉尼南部占地 9600 公顷的王室土地 Hacking 开辟为保护区域，建立了世界上继美国黄石国家公园之后的第二个国家公园。

由于澳大利亚是联邦制国家，各州（地区）均有立法机构，联邦政府对各州土地并无直接管理权。与英国不同，澳大利亚的历史并不悠久，因此乡村性也并不突出，反而和美国、加拿大一样作为曾经的殖民国家存在大量原始纯粹的自然景观，因此自然保护就成了国家公园设立的主要初衷和宗旨。基于这种背景，澳大利亚国家公园形成了以保护为重的"生态公园"特点。

在澳大利亚，国家公园事业被纳入社会范畴，国家每年为此投入大量资

---

① 徐菲菲.制度可持续性视角下英国国家公园体制建设和管治模式研究［J］.旅游科学，2015，29（3）：27-35.

金来保护其自然和建设服务设施，资金主要是由联邦政府专项拨款和各地动植物保护组织的募捐组成，州政府则是旅游设施建设的主要投资者，在资金管理上实行收支两条线政策。国家公园范围内的一切设施，包括道路、野营地、游步道和游客中心等均由政府投资建设[①]。

国家公园建设的宗旨在于永久性地服务于公众娱乐、教育和陶冶情操，其他与这一宗旨相抵的活动均一律禁止。开展生态旅游是国家公园的主要活动，如今生态旅游已成为澳大利亚增幅最快的支柱产业，每年所提供的就业机会占全国就业机会的 10% 以上，创造的经济效益也有 400 亿澳元之多。

在国家公园的管理方式上，自然保护局是澳大利亚联邦政府设立的主要保护主管机关，各州政府则对建立和管理本州范围内的国家公园以及其他自然保护区承担责任；在国家公园的经营方式上，澳大利亚采取所有权与经营权相分离的经营方式，国家公园由企业或个人经营，取得经营权需符合严格的条件和标准，国家公园当局进行监督和管理，其职责主要是执法、基础设施的建设和对外宣传、制订国家公园管理计划、监督经营承包商的各种经营活动等[②]。对国家公园生态保护宣传的高度重视和不遗余力地制定与推行法律成为保证澳大利亚国家公园可持续发展的重要手段。

澳大利亚国家公园良好的管理体制使其建设与发展呈现出一派欣欣向荣的景象。国家公园内随着起伏的山峦而变化的苍翠的阔叶林、辐射松林，林间清澈见底的小溪，林缘五光十色、争奇斗艳的各色花朵，广袤无垠的草原，随处可见蹦跳的袋鼠，海滨湛蓝的海水和飞翔的海鸟，都体现了澳大利亚风光的优美和自然保护工作的巨大成就[③]。

---

①　赵树丛.积极推动国家公园建设——云南省国家公园建设试点情况调研报告［N/OL］.光明日报，2015-01-05. http://epaper.gmw.cn/gmrb/html/2015-01/05/nw.D110000gmrb_20150105_1-07.html

②　刘莹菲.澳大利亚国家公园管理特点及对我国森林旅游业的启示［J］.林业经济，2003（12）：47-48.

③　汪万森，张顺生，段绍光等.澳大利亚国家公园考察报告［J］.河南林业，2002（6）：52-53.

### 中国台湾国家公园——因地制宜的"特色公园"

我国台湾地区建立国家公园的时间与大陆建设自然保护区的时间相近，都是起于 20 世纪下半叶。我国大陆的自然保护区建设始于 20 世纪 50 年代[①]，台湾地区自 20 世纪 60 年代开始推动国家公园与自然保育工作，于 1972 年制定了"国家公园法"之后责成"行政院"由"内政部"拟定施行细则，之后又相继成立了垦丁、玉山、阳明山、太鲁阁、雪霸、金门、台江、东沙环礁与澎湖南方四岛 9 座国家公园，占台湾地区总面积的 8％左右[②]。

尽管起步相近，但从目前发展现状看，台湾地区的国家公园无论在管理体制、发展思路、日常经营等方面都有诸多值得大陆借鉴学习之处。

台湾地区的国家公园主要有三个功能：环境监测和保育、国民休憩和发展地方经济以及促进学术研究和环境教育三个功能，即社会、生态、经济的协调发展。其中，自然保育是最重要的宗旨。

台湾地区的国家公园基本施行垂直管理体系，各国家公园由政府部门直接管理。国家公园的行政组织归国家公园计划委员会下的"营建署"和"警政署"管理。"营建署"下设国家公园组，统筹掌理国家公园的规划建设、经营管理[③]。在国家公园的规划设计上由国家公园组专职负责，遵从"上位法令共通性、因地制宜适应性"的原则。国家公园在规划之前要先进行评估，评估的内容主要包括自然资源评估、特殊景观评估、环境评估、经济效益评估、财政来源考量、政治情势考量和地方民情考量。同时，台湾地区国家公园在经费投入和法律保障上也相对完善[④]。

台湾地区国家公园最突出的特点是分区管理制度。根据台湾地区《国家

---

① 张希武，唐芳林.中国国家公园的探索与实践［M］.北京：中国林业出版社，2014：22.
② 陈丹.台湾国家公园对大陆自然保护区建设管理的启示［J］.林产工业，2015，42（5）：58-60.
③ 陈耀华，潘梅林.台湾地区国家公园永续经营研析［J］.生态经济，2013（10）：37-44.
④ 应绍舜.国家公园概论［M］.台北：台湾大学，1994：39-40.

公园法》的规定，一国家公园内按其资源特性与土地利用形态划分为"生态保护区、特别景观区、史迹保护区、游憩区和一般管制区"5个管理分区，这些区域的划定并没有硬性界限，而是根据各国家公园的具体情况因地制宜地进行定制化划分，并依据各国家公园位置、资源等条件的不同，制定不同的定位和主题，通过准确地抓住其差异化特征顺势而为地进行规划建设，使各区在一个国家公园之内做到互联互通、协调统一和特色鲜明①。

除此之外，"人"的特色也是台湾地区国家公园建设的重要组成部分。当地居民、游客和园区工作人员的协调合作是国家公园能够发展的关键。在台湾地区，当地居民被征用的土地除了必须经本人许可并获得补偿外，他们还被鼓励通过项目经营的方式重新"回归"，充分利用现有人力资源和尊重本土文化；游客和社区民众则会广泛接受生动的科普教育和诸如集水区保育、河流保育、湿地保护、海岸保育、生物多样性保育、环境绿化等参与式的游憩体验；园区工作人员则会有针对性地及时了解游客和当地居民的需求，定期进行有效的自然保护和组织活动，增强大众对于国家公园环境保护的意识。

# 第三节　总结

各个国家或地区的国家公园体制建设都有助于我国国家公园体制借鉴参考。总的来说，不同国家公园管理体制对于我国国家公园建设的主要借鉴方向体现在以下几方面：

第一，管理体系上，国家公园是重要的自然和文化遗产管理体系，但并

---

① 罗清树等. 绵阳市林业局赴台湾地区考察林业工作的报告［EB/OL］. 2016-08-22. http://blog.sina. com.cn/s/blog_498313d80102wt5o.html

不是唯一的管理体系。因此，将国家公园体系当作各国（尤其是美国）自然和文化遗产体系的全部管理体系是一种误解。

第二，管理理念上，坚持保护第一和公益性。各国（地区）都将资源保护作为国家公园的首要使命，要求保持其真实性、完整性，做到可持续利用。同时，也强调将国家公园自然和文化资源的公益服务功能放在突出的位置，促进其为大众共享。无论是国家公园的概念、内涵，还是管理制度、管理模式都尽可能与这一理念相适应。

第三，管理制度上，建立完善的法律法规和统一规范的管理机构。各国（地区）国家公园管理制度均拥有完善的法律法规和制度，以保障国家公园管理目标的实现，无论是中央垂直管理还是以地方为主的管理，国家公园的管理均有一个统一的管理机构进行综合管理。

第四，管理模式上，管理权与经营权分离，分工明确。国家公园管理机构主要负责资源保护和公共服务等公共品的供给，而对于营利性商业服务等准公共品则通过特许经营把主动权交给市场。

第五，资金保障上，以政府财政投入为主。政府投入是国家公园资金的主要渠道，而社会捐助和市场经营收入则作为辅助渠道。

第六，监督机制上，强调社区和公众参与。各国（地区）国家公园无一例外地都强调社区和公众参与的多方监督，保证对国家公园的有效监督[①]。

国家公园自诞生之日起便从未孤独，无论是继往无畏的开拓者还是志趣相投的追随者，100多年来一群又一群的有识之士为守护那一汪碧水、一片蓝天、一席山水和一芳花草始终矢志不渝地探索实践。正是他们的呼吁唤醒了迷失在市井嘈杂里的无数麻木的灵魂，这一切不仅始于他们坚持不懈的推动，更是源自那份神秘奇妙的自然召唤。

---

① 官志雄. 多地争抢建设国家公园　专家称很多旨在提速GDP［N/OL］. 中国新闻网，2014-07-19. http://www.chinanews.com/gn/2014/07-19/6403364.shtml

国家公园建设的坎坷史如它的发展史一般漫长，但也正是在这种千呼万唤始出来之后，它的存在才更加迷人和令人神往。如今，国家公园已经在200多个国家开花结果，慷慨地向地球亿万公民展现它或纯粹灵动，或雄伟壮阔的自然之美，以润物细无声的姿态将深邃的自然哲学用光与色的交织慢慢浸润每位来访者的心脾。

每个人都是游离着的浪子，唯有自然，才是我们永恒的归宿。

# Part 2

# 第二章　国家公园在中国

## 第一节　呼之欲出的中国国家公园

现在让我们把视角转向中国。近 40 年来，中国经济取得了举世瞩目的成就，但也不可否认，生态环境也在不断恶化。

尽管从 20 世纪 80 年代初开始，保护环境就已成为我国一项基本国策，进入 21 世纪后又把节约资源作为另一项基本国策，不断大力推进生态环境保护，但这些努力并没有阻挡生态环境问题日益突出现象的出现。

各种诸如水质污染、空气污染等环境问题给人们的生产生活带来了严重的不利影响，人们对干净的水、清新的空气、优美的环境等的要求也越来越高。老百姓过去"盼温饱"，现在"盼环保"；过去"求生存"，现在"求生态"[①]。

---

① 杨丽娜，程弘毅. 绿水青山就是金山银山——关于大力推进生态文明建设［N］. 人民日报，2016–05–09.http://theory.people.com.cn/n1/2016/0509/c40531–28334517.html

恩格斯在《自然·辩证法》一书中曾经说过，"我们不要过分陶醉于我们人类对自然界的胜利。对于每一次这样的胜利，自然界都对我们进行报复"，"美索不达米亚、希腊、小亚细亚以及其他各地的居民，为了得到耕地，毁灭了森林，但是他们做梦也想不到，这些地方今天竟因此而成为不毛之地"。习近平总书记也曾指出，我们在生态环境方面欠账太多了，如果不从现在起就把这项工作紧紧抓起来，将来会付出更大的代价[①]。

2013年5月，习近平总书记在中央政治局第六次集体学习时指出，"要正确处理好经济发展同生态环境保护的关系，牢固树立保护生态环境就是保护生产力、改善生态环境就是发展生产力的理念"。这一重要论述，深刻阐明了生态环境与生产力之间的关系，是对生产力理论的重大发展，饱含尊重自然、谋求人与自然和谐发展的价值理念和发展理念。

国家公园成为我国可持续发展的方式路径正是基于这个深刻的历史发展背景。这也是结合了现阶段我国发展的现实诉求，更是恰当地迎合了当代中国绿色发展理念的发展趋势。

"绿水青山就是金山银山"，国家公园的公益性、生态性、公共性特征符合我国绿色协调可持续的发展道路和亿万人民的发展愿望，是前人实践探索出的明智选择。

一提到国家公园，很多人第一时间便联想到美国黄石国家公园，国家公园在我们的印象中似乎还是个"洋概念"，我们对它不乏熟悉，却也不甚了解。当国家公园的号角浩浩荡荡吹响了100多年，当改革开放后无数新鲜事物踏进这片生机无限的沃土，国家公园这个外国概念才渐渐走进我们的视野。

与其说它在我国缘起偶然，不如说这是一场万事俱备只欠东风的深谋远虑。国家公园这个"洋概念"是否能在我国本土结出硕果，还有待社会各界

---

① 常雪梅，程宏毅. 开创生态文明新局面——党的十八大以来以习近平同志为核心的党中央引领生态文明建设纪实［N/OL］. 人民日报，2017-08-03.

的共同努力。

政策法律的引导规范，实践探索的示范借鉴和社会舆论的支持配合都是促进国家公园健康发展的重要内容，本章第二、三、四节便从这三个方面梳理我国国家公园建设的历史轨迹，分析我国国家公园建设的发展思路，以求扎根过去，立足现在，探求未来发展的有效路径。

# 第二节　中国国家公园政策解读

从最开始的自然保护区探索到今天的国家公园体制建设，我国环境保护政策不断探索改善，与时俱进。

新中国建设之初，我国就开始了自然保护的探索历程。截至目前，我国已经是全世界自然保护区面积最大的国家之一，建立了自然保护区、风景名胜区、森林公园、地质公园等多种保护地类型，数量达 10369 处，面积约占陆地国土面积的 15%，基本覆盖了我国绝大多数重要的自然生态系统和自然遗产资源，形成了类型比较齐全、布局基本合理、功能相对完善的自然保护区网络[①]。在探究当下国家公园体系政策之前，我们先来简单回顾一下与之密切相关的我国环境保护政策的发展历程。

新中国成立之后，我国实施了重工业优先发展战略。作为典型的粗放式经济增长方式，这一战略形成之初具有"高速度、高消耗、高污染、低效益"的特征，但由于发展程度较低，规模较小，环境污染和生态恶化主要表现为局部地区的个别现象，尚未形成真正意义上的"环境问题"。

1956 年，卫生部、国家建委联合颁发的《工业企业设计暂行卫生标准》等文件已经对环境保护做出了要求，开始尝试建立自然保护区。

---

① 唐小平.中国自然保护区从历史走向未来［J］.森林与人类，2016（11）：24-35.

　　"一五"时期，在工业建设中也比较注意合理布局的问题，把污染企业尽量建在远离城市的工业区，而且在市区和工业区之间建有林木隔离带，避免工业"三废"危害市区居民。一些有污染危害的工业企业，尤其是集中建设的 156 项大中型项目，还采取了某些防治措施，如污水净化处理和消烟除尘设备等，这在一定程度上减轻了污染危害①。

　　直到 1972 年之前，我国并未制定和实施系统的环境保护政策，只是在一些相关法规中提出了一些环境保护的职责和内容。早期的自然保护区立法多以提案、文件等形式出现，是颇不成熟的，但这些相当于法律性质的提案、文件的存在在当时的确发挥了巨大的作用。

　　"一五"之后近 20 年的优先发展重工业政策使得生态环境日趋恶化，居民健康受到严重威胁，环境问题日益凸显，开展环境保护已势在必行。1972 年 6 月，中国派团参加联合国在斯德哥尔摩召开的第一次人类环境会议。以此为契机，1973 年，我国召开了第一次全国环境保护会议，并审议通过了"全面规划、合理布局、综合利用、化害为利、依靠群众、大家动手、保护环境、造福人民"的环境保护工作 32 字方针和中国第一个具有法规性质的环境保护文件——《关于保护和改善环境的若干规定》，以此为标志的严格意义上的中国环境保护事业正式开始兴起。

　　1978 年 3 月，我国修订了《宪法》，规定"国家保护环境和自然资源，防治污染和其他公害"，奠定了国家环境保护的宪法基础。同年 12 月，中共中央批转了国务院环保领导小组的《环境保护工作汇报要点》，提出："消除污染，保护环境，是进行社会主义建设，实现四个现代化的一个重要组成部分"。②

　　1979 年 9 月 13 日，全国人大常委会原则通过《环境保护法（试行）》，

---

　　① 中国环境保护行政二十年编委会，中国环境保护行政二十年［M］. 北京：中国环境科学出版社，1994：3.
　　② 徐曼 . 改革开放 30 年环境保护大事记［J］. 环境保护，2008（21）：66-69.

从法律层面上首次确立了国家、单位和个人的基本环境权利和义务。这是中国环境保护的基本法，该法确定了环境保护的基本方针（即二十字方针）和"谁污染，谁治理"政策，建立了环境保护行政管理体制，标志着中国环境保护法制化工作全面启动，朝着专门化、开放化和体系化的方向发展[1]。

1984 年，我国成立国务院环境保护委员会，其办事机构设在城乡建设环境保护部，后改为环保局，以促进管理结构的垂直统一。

1990 年，我国颁布了新的《环境保护法》，这部法是把环境保护作为基本国策的重要体现，相比过去的试行法而言也完善得多。

党的十四届五中全会、十五大和十五届三中全会相继提出了实施可持续发展战略，确定实行计划经济体制向社会主义市场经济体制、粗放型经济增长方式向集约型经济增长方式两个根本性转变。可持续发展成为指导国民经济社会发展的总体战略，环境保护成为改革开放和现代化建设的重要组成部分。

到 20 世纪末，中国环境政策、法律、标准和管理制度初步形成体系，环境保护已经融入可持续发展战略之中，国家在政策、制度上跟上了时代的要求，重点城市和地区的污染防治工作也初见成效，生态保护工作得到逐步加强。

2005 年，党的十六届五中全会提出要"建设资源节约型、环境友好型社会"，并提出了《关于落实科学发展观加强环境保护的决定》的报告。至此，我国的环境保护政策已经形成了包括三大政策八项制度在内的体系，即"预防为主，防治结合""谁污染，谁治理""强化环境管理"这三项政策和"环境影响评价""三同时""排污收费""环境保护目标责任""城市环境综合整治定量考核""排污申请登记与许可证""限期治理""集中控制"八项制度。

我国自然保护区事业通过长期探索，逐步形成了具有中国特色的"分类分区分级分部门"保护管理制度。制度的完善成为自然保护区建设的有力保

---

[1] 常纪文. 我国生态环境法治的发展历程［N/OL］. 中国环境报，2014–10–28. http://www.cenews.cn/fzxw/fgsy/201410/t20141028_782831.html

障，使得自然保护区在保护自然瑰宝、捍卫生态安全、守住未来福祉等方面都发挥了至关重要的作用。

60 多年来，我国自然保护区从无到有、由少至多，中国的自然保护地体系经过 60 多年的发展取得了令人欣慰的可喜成就，自然保护区、风景名胜区、自然文化遗产、森林公园、地质公园等多种类型保护地的建设，基本覆盖了我国绝大多数重要的自然生态系统和自然遗产资源，也超出了 1956 年我们的前辈们发起议案时期冀达到的目标。

但环境保护与经济发展之间的矛盾仍十分尖锐。随着我国工业化、城市化日益走上快车道，我们也看到各类自然保护地建设管理还缺乏科学完整的技术规范体系，保护对象、目标和要求还没有科学的区分标准，同一个自然保护区部门割裂、多头管理、碎片化等现象还普遍存在。以部门割裂、多头管理这一问题为例，2016 年 4 月 13 日，《中国青年报》曾在《挂职博士眼中的基层公务员生态》一文中，描述某自然保护区多部门管理、多头管理、条块管理的乱象：

> 江姓博士在挂职该自然保护林区文体新广副局长时，局长曾告诉他土地荒时归国土资源局管，长了草时归农业局管，长了树时归林业局管。山里湖泊里的水超过 6 米归水利局管，低于 6 米属湿地，归林业局管。让博士感到更有意思的是，青蛙"在河里的时候归水利局管，到了岸上就属林业局管了"①。

同时国家对自然保护区投入严重不足，社会公益属性和公共管理职责不够明确，土地及相关资源产权不清晰，保护管理效能不高，盲目建设和过度开发现象时有发生。由于自然保护区大多处于"老少边穷"地区，经济发展、生态保护、脱贫攻坚任务艰巨，问题重重，保护与开发的矛盾突出，远不适应生态文明建设要求，自然保护区事业仍任重而道远。

---

① 宋媛媛. 中国的国家公园呼之欲出［EB/OL］. 科学家，2017–10–11.

中央与地方的博弈、部门间的利益冲突日益升级，致使 2007 年以来我国自然保护区建设基本处于停顿乃至下降状态。许多自然保护区抢救性划建时弊端较多，存在调整的客观需求，但许多省（区、市）并没有动力新建任何自然保护区。此后，国务院与环境保护部曾多次下发通知加强引导、监督和管理，不断加大对自然保护区典型违法违规活动处理力度。2015 年后国家林业局开始组织开展的"绿剑行动"，也是旨在坚决查处涉及自然保护区的各类违法建设活动。

即使这样，与自然保护区建设相比，我国国家公园的建设来得更是迟缓得多。

在清华大学景观系主任杨锐看来，"这（国家公园发展缓慢）与新中国成立之初被西方封闭有关系，整个世界的自然保护运动是一个整体，许多发展中国家国家公园的建立过程中都有西方发达国家的影子。中国的这套系统（自然保护区）基本上和前苏联是比较接近的"。

此外，国情的特殊性也阻碍了中国国家公园的建立脚步。目前世界上没有任何一个国家的自然保护区内拥有像中国这么多人口，我国很多自然保护区内分布有大大小小几十个城镇和数百万居民。

经过上百年的探索实践，国家公园的发展模式已成为世界上自然保护的一种重要形式。全球 200 多个国家和地区的国家公园总面积已超过 400 万平方公里，占全球保护面积的 23.6%。

虽然国家公园已经有 100 多年的历史了，其现有体系也相对完善，但这也不足以得出我国需要建设国家公园的结论。我国之所以提出建设国家公园的理念，是紧密契合我国现实需求和借鉴国外先进经验而开出的济世良方，也是着眼于未来环保建设提出的战略大计。

我国构建国家公园体制是为解决当前自然保护建设中存在的诸多问题和弥补过去国家公园建设的缺失。建立国家公园体制是党的十八届三中全会提出的重点改革任务之一，是我国生态文明制度建设的重要内容，对于推进自然资源科学保护和合理利用，促进人与自然和谐共生，推进美丽中国建设，具有极其重要的意义。

北京林业大学自然保护区学院院长雷光春教授认为，在处理生态环境保护与利用关系上，国家公园是一种合理平衡生态环境保护与资源开发利用的行之有效的保护和管理模式。引进借鉴国外国家公园的管理模式，可以完善和丰富我国保护地管理体系。

从我国保护地半个多世纪的实践和现实国情来看，国家公园可能是自然保护地发展最好的模式之一，能够协调保护和发展的矛盾，提高自然保护的有效性。

我国建立国家公园体制的根本目的，就是以加强自然生态系统原真性、完整性保护为基础，以实现国家所有、全民共享、世代传承为目标，理顺管理体制，创新运营机制，健全法制保障，强化监督管理，构建统一规范高效的中国特色国家公园体制，建设分类科学、保护有力的自然保护地体系[①]。通过建立国家公园体制，改革自然保护领域存在的问题，建设以国家公园为主体的自然保护地体系，恰逢其时[②]。

回首我国建设国家公园的历史发展进程，在此期间也历经坎坷。时间回到2008年7月，那时，国家林业局就批准将云南省作为国家公园建设试点省份，鼓励云南在具备条件的自然保护区开展国家公园建设工作，进行国家公园体系的初步探索。同年，环保部和国家旅游局（今属文化和旅游部，下同）也在黑龙江省伊春市汤旺河区设立国家公园建设试点，并为汤旺河国家公园挂牌[③]。

2013年11月，党的十八届三中全会通过《中共中央关于全面深化改革若干重大问题的决定》，将"建立国家公园体制"作为"加快生态文明制度建

①　官志雄.中国为何要建立国家公园体制？发改委回应［N/OL］.中国新闻网，2017-09-27. http://www.chinanews.com/gn/2017/09-27/8341450.shtml

②　唐芳林.中国国家公园发展进入新纪元［N/OL］.中国绿色时报，2018-04-02. http://www.yuanlin365.com/news/302493.shtml

③　铁铮.中国踏上建立国家公园体系之路［J/OL］.中国林业，2014-09-10. http://www.forestry.gov.cn/Zhuanti/content_201408gjgyjs/703075.html

设"的重要内容，从国家层面首次做出"建立国家公园体制"的战略部署。

2015年1月，国家发改委会同13个部门联合印发《建立国家公园体制试点方案》，选定北京八达岭、吉林长白山、黑龙江伊春、浙江开化、福建武夷山、湖北神农架、湖南城步、云南普达措、青海三江源等处作为国家公园体制试点区。

同年9月，中共中央、国务院印发《生态文明体制改革总体方案》（中发〔2015〕25号）对建立国家公园体制提出了具体要求，强调"加强对重要生态系统的保护和利用，改革各部门分头设置自然保护区、风景名胜区、文化自然遗产、森林公园、地质公园等的体制"，"保护自然生态系统和自然文化遗产原真性、完整性"。

2017年9月，在总结试点经验、借鉴国际有益做法、立足我国国情的基础上，中共中央办公厅、国务院办公厅印发了《建立国家公园体制总体方案》（以下简称《总体方案》）。该方案指出，国家公园是指由国家批准设立并主导管理，边界清晰，以保护具有国家代表性的大面积自然生态系统为主要目的，实现自然资源科学保护和合理利用的特定陆地或海洋区域。

国家公园是我国自然保护地最重要的类型之一，属于全国主体功能区规划中的禁止开发区域，纳入全国生态保护红线区域管控范围，实行最严格的保护。除不损害生态系统的原住民生活生产设施改造和自然观光、科研、教育、旅游外，禁止其他开发建设活动。

此外，该方案对建立国家公园体制的总体要求、明确国家公园的功能定位，以及建立统一事权分级管理体制、资金保障制度，完善自然生态系统保护制度、构建社区协调发展制度和实施保障等方面也都做出了明确部署。

从《总体方案》中我们可以明确看出，国家公园要集中体现自然保护地的"国家队"角色。从资源的性质上看，必须作为国有公共资源，由此确立的国家公园基本职能是提供科研、科普等各类公共服务产品。

方案的颁布由中央深改组研究通过，既说明这是国家在自然资源保护上的一项重大改革和制度设计，也标志着今后我国国家公园体制的设立和管理将确立国家层面的法规、审批和管理体系，从而更加集中和准确地体现设立国家公园的宗旨①。

同年 10 月，党的十九大报告指出："构建国土空间开发保护制度，完善主体功能区配套政策，建立以国家公园为主体的自然保护地体系。"这是以习近平同志为核心的党中央站在中华民族永续发展的高度提出的战略举措，对美丽中国建设具有十分重要的意义。这也意味着，我国的自然保护地体系将从目前的以自然保护区为主体，转变为今后以国家公园为主体。

那么，与以往居于主体地位的自然保护区相比，国家公园又有哪些不同呢？国家发展改革委相关负责人是这样回答的："与一般的自然保护地相比，国家公园的自然生态系统和自然遗产更具有国家代表性和典型性，面积更大，生态系统更完整，保护更严格，管理层级更高。"归纳起来，新的国家公园与以往的自然保护区相比，突出特点可以称为"大一统"②。

"大"主要是指国家公园的面积，"大"之后，其典型性和代表性就更强，生态系统就更完整。

所谓"一统"，是指"构建以国家公园为代表的自然保护地体系，进一步研究自然保护区、风景名胜区等自然保护地功能定位"，并"明确了未来统一管理的方向，建立统一管理机构……由一个部门统一行使国家公园自然保护地管理职责。"

"一统"主要体现在两个方面。一是在"名"上以"国家公园"的体系整体定义中国的自然保护地，"由一个部门统一行使国家公园自然保护地管理职责"，而且"国家公园建立后，在相关区域内一律不再保留或设立其他自然保护地类型"。二是在"实"上实现集中统一的管理。新的国家公园体制，触及

---

① 窦群.国家公园将成为旅游发展新标杆［N/OL］.中国旅游报，2017-08-23.http://www.sohu.com/a/190888183_126204

② 宋金波.中国国家公园的"大一统"未来［EB/OL］.大家，2018-03-09.http://dajia.qq.com/original/category/sjb20180309.html

了极为重要的两"权"：一是所有权；二是管理权。主要表现为所有权和管理权的"集中向上"，相当于把国家公园变成了一个"生态特区"。

按照《总体方案》，"国家公园内全民所有自然资源资产所有权由中央政府和省级政府分级行使。其中，部分国家公园的全民所有自然资源资产所有权由中央政府直接行使，其他的委托省级政府代理行使。条件成熟时，逐步过渡到国家公园内全民所有自然资源资产所有权由中央政府直接行使。"同时，"按照自然资源统一确权登记办法，国家公园可作为独立自然资源登记单元，依法对区域内水流、森林、山岭、草原、荒地、滩涂等所有自然生态空间统一进行确权登记"。

同时，"中央政府直接行使全民所有自然资源资产所有权的，地方政府根据需要配合国家公园管理机构做好生态保护工作。省级政府代理行使全民所有自然资源资产所有权的，中央政府要履行应有事权，加大指导和支持力度。国家公园所在地方政府行使辖区（包括国家公园）经济社会发展综合协调、公共服务、社会管理、市场监管等职责。"

资深媒体人宋金波认为，既有的"自然保护区"体系已经附着生长了太多的利益、人事纠葛，要想理顺、重建，成本巨大，谈何容易。相对而言，反倒是用一个"国家公园"的"新瓶"，把既有自然保护区及其他自然保护地的"番号""建制"打散再造，如此改革，会顺畅很多。

他认为，建立国家公园体制，未必不能成为未来一些领域改革的全息模版。当然，在此之前，国家公园必须证明，这样的模式确实可以兴利除弊。比如收归统管后如何保证地方在保护上的积极参与，如何降低"保护地直辖"在财政上造成的压力——另起炉灶不难，难的是那些"老问题"，如何妥帖地在"新瓶"里被消化掉[1]。

为进一步加大生态系统保护力度，统筹森林、草原、湿地监督管理，加

---

① 宋金波. 中国国家公园的"大一统"未来［EB/OL］. 大家，2018–03–09. http://dajia.qq.com/original/category/sjb20180309.html

快建立以国家公园为主体的自然保护地体系，保障国家生态安全，2018 年 3 月，十三届全国人大审议通过方案，国务院将国家林业局的职责，农业部的草原监督管理职责，以及国土资源部、住房和城乡建设部、水利部、农业部、国家海洋局等部门的自然保护区、风景名胜区、自然遗产、地质公园等管理职责整合，组建国家林业和草原局，加挂国家公园管理局牌子，由自然资源部管理，不再保留国家林业局。其主要职责是，监督管理森林、草原、湿地、荒漠和陆生野生动植物资源开发利用和保护，组织生态保护和修复，开展造林绿化工作，管理国家公园等各类自然保护地等 ①。

从党的十八届三中全会提出"建立国家公园体制"，到 2015 年启动为期 3 年的国家公园体制试点，2017 年《建立国家公园体制总体方案》的出台，再到国家公园管理局的成立，这些改革举措从时间维度上看，使自然保护运动在生态文明建设新时代直接进入 2.0 版；从空间维度上看，将所有自然保护地纳入统一管理，将有效地解决保护地空间规划重叠的问题；在管理体制上，将从根本上解决"九龙治水"、交叉重叠等顽疾，其改革力度前所未有。这是中国国家公园发展进入新纪元的标志性事件，在自然保护领域具有里程碑式的意义 ②。

经过上百年的探索实践，国家公园的理念和发展模式已成为世界自然保护的一种重要形式。以国家公园体制建设为标志，中国正在掀起一场新的自然保护运动，这场新时代的国家公园和自然保护运动站在新的起点和高度上，将对中国的自然保护事业和美丽中国建设产生深远的影响。这既是以习近平同志为核心的党中央站在中华民族永续发展的高度做出的生态文明建设的重大决策，更是中华民族永续发展的千年大计，关系着占国土面积 1/5 的高价值生态空间的安全性，关系着能否持续不断地提供生态服务功能和生态安全庇

---

① 徐渠．王勇：组建国家林业和草原局　不再保留国家林业局［N/OL］．新华网，2018-02-13. http://www.xinhuanet.com/politics/2018lh/2018-03/13/c_137035636.htm

② 唐芳林．中国国家公园发展进入新纪元［N/OL］．中国绿色时报，2018-04-02.

护，更关系着 13 亿多中国人的生态空间，其规模和影响力之巨大，必将产生更加深远的历史意义 ①。

# 第三节  中国国家公园实践探索

新中国成立 60 多年来，我国已经大致形成了九大类自然和文化遗产地管理体系，大致可划分为 9 个类型：自然保护区、风景名胜区、国家森林公园、文物保护单位、国家地质公园、国家湿地公园、城市湿地公园、水利风景区、A 级旅游景区。目前，我国共有各种类型共数千个保护地，总面积约占我国陆地国土面积的 18%，高于世界平均水平。

这些遗产地目前约由 10 个分管部门管理。自然保护区目前是综合管理与分部门管理相结合。环保部负责全国自然保护区的综合管理，国务院林业、农业、地质矿产、水利、海洋等有关行政主管部门在各自的职责范围内，主管有关的自然保护区。其中，国家林业局管理的自然保护区占大多数；风景名胜区和国家城市湿地公园由住房建设部管理；国家森林公园和国家湿地公园由国家林业局管理；文物保护单位由国家文物局管理；国家地质公园由国土资源部管理；水利风景区由水利部管理；A 级旅游景区由国家旅游局管理。

事实上，中国的国家级风景名胜区，在对外交流中所用的英文就是 "National Park of China"，翻译过来即 "中国国家公园"。风景名胜区也借鉴了诸多美国国家公园的管理制度。但从其内涵上说，由国家政府部门主管的类似于国家公园的概念已被分属于国家森林公园、国家地质公园、国家矿山公园、国家湿地公园、国家城市湿地公园、国家级自然保护区、国家级风景

---

① （接上页注释）http://www.yuanlin365.com/news/302493.shtml

名胜区、国家考古遗址公园及国家海洋公园等多个方面，隶属于不同的管理部分和管理系统，但这些分离的提法并不完全吻合"国家公园"的概念。

"在国家公园体制试点过程中，由于理解上的偏差和缺少明确规定，各部门各地方纷纷设立不同类型的所谓'国家公园'实际是对国家公园的'认识误区'。"中国科学院科技战略咨询研究院副院长王毅如是说[1]。清华大学景观学系主任杨锐也指出，中国的很多自然保护地类型实际上都是成对出现，比如风景名胜区跟国家森林公园是一年出现（1982年，编者加，下同），国家地质公园和国家水利风景区同一年出现（2000年），国家湿地公园和国家城市湿地公园是同一年出现（2005年），但都是由不同部门成立的。各个部门都对自然保护地感兴趣，但缺乏一个总体的顶层设计。

以九寨沟为例，它先后被挂上了九寨沟国家级自然保护区、风景名胜区、森林公园、地质公园和5A旅游景区五块牌子，意味着各个分管机构都有权对景区进行管理。"风景名胜区是住建部门管的，地质公园是国土资源部管的，同一时间里九寨沟就有可能接到三个部门的要求，而往往这三个要求又是相互不通气的。"世界自然保护联盟驻华代表朱春全曾做过统计，目前中国已经形成了种类多达十几种的自然保护地类型，"九龙治水，可以说毫不夸张"。

在党的十八届三中全会做出"建立国家公园体制"的决定之前，由于各自然和文化遗产地的管理权限分散在相关各部门和各地方政府，对于许多保护地而言，每挂一块新牌子，意味着又多了一位"婆婆"，这也不利于国家公园充分发挥其在保护生物多样性、重要生态保护系统和珍贵文化自然遗产资源等方面的作用。即使是在国家公园体制建设试点时，各类名目的国家公园也在不断增多，这也阻碍了"国家公园"这一概念在一个统一协调的体系中统筹发展[2]。

---

[1]　安蓓，高敬.给子孙后代留下珍贵的自然遗产——国家公园体制三大看点［EB/OL］.新浪新闻，2017-09-27. http://news.sina.com.cn/o/2017-09-26-doc-ifymeswe0171477.shtml

[2]　罗欢欢.中国国家公园来了［J/OL］.南方周末，2017-10-10. http://www.infzm.com/content/1295277

为解决上述痛点，国家一些部门（如林业部门）开始了有针对性的试点尝试，一些地区也开始进行真正国家公园建设的探索。我国真正命名为国家公园的试点，最早可追溯到 10 多年前。

2006 年，云南省迪庆藏族自治州建立了中国大陆第一个国家公园试点——香格里拉普达措国家公园。2008 年 6 月，国家林业局批准云南省为国家公园建设试点省，以具备条件的自然保护区为依托，开展国家公园建设工作。同年 9 月，环保部和国家旅游局选择在黑龙江省伊春市汤旺河区进行国家公园建设试点，并为汤旺河国家公园授牌[①]。

2012 年，贵州宣称，将投资 3 万亿元打造"国家公园省"，这个计划依据的是 2012 年编制完成的《贵州省生态文化旅游发展规划》，该规划由贵州省政府、国家旅游局、世界旅游组织联合编制[②]。

2014 年年初，环保部批复浙江省开化和仙居两县开展国家公园试点[③]。

然而，这些试点大多仍然沿袭着现有的其他类遗产地管理体系的体制机制，由于受限于地方管理体制和多头领导的束缚，缺乏有力的顶层设计支持，试点地区的许多管理的共性问题没有得到有效缓解。

在党的十八届三中全会决定要"建立国家公园体制"后，2015 年，国家发改委选定 12 个省市（青海、湖北、福建、浙江、湖南、北京、云南、四川、陕西、甘肃、吉林和黑龙江）开展国家公园体制试点，其中包括三江源、东北虎豹、大熊猫、神农架、武夷山、钱江源、湖南南山、北京长城以及香格里拉普达措，后来又增加了祁连山国家公园试点共 10 处。另外，加上之前已经申报运营的和正在申报的国家公园，目前已有 20 个国家公园正在建设运营。

中国人与生物圈国家委员会专家组成员郝耀华曾表示，被划为国家公园

---

① 张希等.9 省市将开展国家公园体制试点注重生态非旅游开发［EB/OL］.人民网，2015-06-09. http://travel.people.com.cn/n/2015/0609/c41570-27124394.html

② 温泉.多地争抢建设国家公园专家称很多旨在提速 GDP［EB/OL］.人民网，2014-07-19. http://env. people.com.cn/n/2014/0719/c1010-25301522.html

③ 马洪波.国家公园体制试点要先行先试［EB/OL］.青海日报，2018-01-10. http://www.forestry.gov. cn/main/72/content-1065310.html

的区域，一般都具有国家生态安全屏障的作用，或是重要的水源产流地、珍稀物种的保护地、生物多样性和国家重要文化遗产保护的优先区域，堪称国家品牌，代表国家形象。

同时，每个试点地区都具有各自的典型特征并背负各自独特的任务使命，其每一步实践探索都会为未来国家公园体制的建设提供宝贵参考。根据相关资料整理，以下便对各试点地区进行简单介绍。

## 【 三江源国家公园体制试点 】

三江源国家公园体制试点是我国第一个国家公园体制试点，包括长江源、黄河源、澜沧江源 3 个园区，总面积为 12.31 万平方公里，占三江源面积的 31.16％。三江源国家公园以自然修复为主，保护冰川雪山、江源河流、湖泊湿地、高寒草甸等源头地区的生态系统，维护和提升水源涵养功能。

## 【 大熊猫国家公园体制试点 】

大熊猫国家公园体制试点区总面积达 2.7 万平方公里，涉及四川、甘肃、陕西三省，其中四川占 74％。试点区加强大熊猫栖息地廊道建设，连通相互隔离的栖息地，实现隔离种群之间的基因交流；通过建设空中廊道、地下隧道等方式，为大熊猫及其他动物的通行提供方便。

## 【 东北虎豹国家公园体制试点 】

东北虎豹国家公园体制试点选址于吉林、黑龙江两省交界的老爷岭南部区域，总面积 1.46 万平方公里。该试点区旨在有效保护和恢复东北虎豹野生种群，实现其稳定繁衍生息；有效解决东北虎豹保护与当地发展之间的矛盾，实现人与自然和谐共生。

## 【云南香格里拉普达措国家公园体制试点】

试点区位于云南省迪庆藏族自治州香格里拉市境内，试点区域总面积为602.1平方公里。试点区分为严格保护区、生态保育区、游憩展示区和传统利用区，各区分界线尽可能采用山脊、河流、沟谷等自然界限。

## 【湖北神农架国家公园体制试点】

神农架位于湖北省西北部，拥有被称为"地球之肺"的亚热带森林生态系统、被称为"地球之肾"的泥炭藓湿地生态系统，是世界生物活化石聚集地和古老、珍稀、特有物种避难所，被誉为北纬31°的绿色奇迹。这里有珙桐、红豆杉等国家重点保护的野生植物36种，金丝猴、金雕等重点保护野生动物75种，试点区面积为1170平方公里。

## 【浙江钱江源国家公园体制试点】

钱江源国家公园体制试点位于浙江省开化县，这里拥有大片原始森林，生物丰度、植被覆盖、大气质量、水体质量均居全国前列，是中国特有的世界珍稀濒危物种、国家一级重点保护野生动物白颈长尾雉、黑麂的主要栖息地。试点区面积约252平方公里，包括古田山国家级自然保护区、钱江源国家级森林公园、钱江源省级风景名胜区以及连接自然保护地之间的生态区域，区域共涵盖4个乡镇。

## 【湖南南山国家公园体制试点】

试点区整合了原南山国家级风景名胜区、金童山国家级自然保护区、两江峡谷国家森林公园、白云湖国家湿地公园4个国家级保护地，新增非保护地但资源价值较高的地区，总面积达635.94平方公里。

## 【福建武夷山国家公园体制试点】

试点范围包括武夷山国家级自然保护区、武夷山国家级风景名胜区和九曲溪上游保护地带，总面积 982.59 平方公里。

## 【北京长城国家公园体制试点】

试点区总面积 59.91 平方公里，长城总长度 27.48 公里，以八达岭—十三陵风景名胜区（延庆部分）边界为基础。试点区域的选择旨在保护人文资源的同时，带动自然资源的保护和建设，达到人文与自然资源协调发展的目标。通过整合周边各类保护地，形成统一完整的生态系统。

## 【祁连山国家公园体制试点】

祁连山是我国西部重要生态安全屏障，是我国生物多样性保护优先区域、世界高寒种质资源库和野生动物迁徙的重要廊道，还是雪豹、白唇鹿等珍稀野生动植物的重要栖息地和分布区。试点包括甘肃和青海两省约 5 万平方公里的范围。祁连山局部生态破坏问题十分突出，多个保护地、碎片化管理问题比较严重。试点要解决这些突出问题，推动形成人与自然和谐共生新格局[1]。

国家公园试点最重要的原则之一就是"统一"。这一点从各试点地区的命名中也能窥探一二，最终确定的国家公园体制试点区都是按生态系统来定名的，原来的以行政区命名的都在试点实施方案的批复文件中更名了（如开化更名为钱江源、城步更名为南山）[2]。

此外，目前各个试点单位都成立了专门统一的机构对景区进行管理。譬

---

[1] 孙满桃.十个国家公园体制试点［N/OL］. 光明日报，2017-09-28. http://news.gmw.cn/2017-09/28/content_26363341.htm

[2] 苏杨.用国家公园进行野生动物保护的是与非——解读《建立国家公园体制总体方案》之四［J］.中国发展观察，2018（2）.

如，东北虎豹国家公园体制试点立足国有林地占比高的优势，探索全民所有自然资源所有权，由中央政府直接行使；湖北省整合有关管理职责，成立神农架国家公园管理局，统一承担试点范围的自然资源管护等职责，1170平方公里试点区分为四个管理区，实行扁平化、网格化管理。一个自然保护地一块牌子、一套管理机构，解决了部门割裂、多头管理、碎片化的问题。

朱春全认为，"建立统一的国家公园和自然保护地管理部门，并非不需要跨部门以及中央和地方的协调与配合，反而更加强调构建服务型政府，加强部门之间，中央和地方之间，政府、企业、社会团体和个人之间的协调和配合"。

同时，我国国家公园的建设强调把创新体制和完善体制放在优先位置，做好体制机制改革过程中的衔接，成熟一个设立一个，做到有步骤、分阶段推进。

除了对环境保护与管理制度探索，国家公园的社区发展问题也受到格外关注。基于我国国家公园中普遍存在的人口居住问题，试点地区立足我国人多地少、发展仍处初级阶段的实际国情，树立共建共享理念，注重建立利益共享和协调发展机制，实现生态保护与经济协调发展，人与自然和谐共生。

例如，青海省结合精准脱贫，新设 7421 个生态管护综合公益岗位，确保每个建档立卡贫困户有 1 名生态管护员，让贫困牧民在参与生态保护的同时分享保护红利，使牧民逐步由草原利用者转变为生态守护者。

四川、陕西、甘肃、吉林、黑龙江五省分别编制了大熊猫国家公园、东北虎豹国家公园试点范围内居民转移安置实施方案，分散的居民点实行相对集中的居住。福建省成立的联合保护委员会优先从村民中选聘相关服务人员，在起草《武夷山国家公园管理条例》过程中多次组织召开社区座谈会，充分听取村委会和当地村民意见。湖北省利用网格管护小区将神农架国家公园社区居民优先聘为护林员、环卫工人等生态管护人员①。

与此同时，国家公园的试点也充分暴露出各种问题。全国政协委员、中国工程院院士尹伟伦指出，试点方案编制水平参差不齐。总体上讲，多数试点地区选址的基本生态系统破碎化比较严重，有人为拼凑之感，甚至个别选址以历史建筑古迹为主，旅游开发难以控制，缺乏自然动植物生态系统的完整性，更不可能保证动植物的完整生态过程。他也建议，要尽快明确国家公园具体管理体制，克服试点区多样化的利益诉求。

目前，由于国家公园的具体管理体制当不明晰，且相关政策规范、资金投入等机制的不明朗，导致各试点省份在试点实施方案编制的过程中，不知如何规范，不利于评审和试点工作的把握②。

为详细了解具体国家公园试点的建设情况，以下便以这 10 个国家公园试点中的首个试点——三江源国家公园为例探究国家公园探索的具体实践。

地处青藏高原腹地的三江源不仅是长江、黄河、澜沧江的发源地，还是我国淡水资源的重要补给地，是高原生物多样性最集中的地区，生态地位十分重要。20 世纪 70 年代，受自然和人为因素影响，这一地区生态加速退化。在青海果洛州、玉树州，草原上裸露的黑土滩不断扩大，不少河湖一度干涸。

2015 年 12 月，中央全面深化改革领导小组第十九次会议审议通过了三江源国家公园体制试点方案。三江源正式走进国家公园时代，目标瞄准建设"青藏高原生态保护修复示范区，共建共享、人与自然和谐共生的先行区"。

2016 年 6 月，三江源国家公园体制试点成立了三江源国家公园管理局，公园内全民所有的自然资源资产委托管理局负责保护、管理和运营，按照山水林草湖一体化管理保护原则，对园区范围内的自然保护区、重要湿

① 王晓易.中国为何要建立国家公园体制？发改委回应［EB/OL］.中国新闻网，2017-09-27. http://news.163.com//17/0927/11/CVBAT3c600018A0Q.html

② 王钰，铁铮.国家公园建设之"两会三人谈"［N/OL］.北京林业大学绿色新闻网，2016-03-17. http://news.bjfu.edu.cn/lssy/209912.html

地、重要饮用水源地进行功能重组，整合所涉 4 县国土、环保、农牧等部门编制、职能及执法力量，将原本分散在林业、国土、环保、水利、农牧等部门的生态保护管理职责全部归口并入管理局和三个园区管委会，建立了覆盖省、州、县、乡的 4 级垂直统筹式生态保护机构，打破了原来各类保护地和各功能分区之间人为分割、各自为政、条块管理、互不融通的体制弊端。

自 2017 年 8 月 1 日起，《三江源国家公园条例（试行）》施行，标志着我国首个国家公园体制试点的各项管理与保护工作有法可依。同年 12 月 16 日，三江源国有自然资源资产管理局挂牌成立，标志着三江源国有自然资源资产管理体制试点工作全面启动。

2018 年 1 月印发的《三江源国家公园总体规划》明确：必须使国家公园山水林田湖草生态系统得到严格保护，满足生态保护第一要求的体制机制创新取得重大进展……① 同时明确，至 2020 年，正式设立三江源国家公园；到 2025 年，保护和管理体制机制不断健全，法规政策体系、标准体系趋于完善，管理运行有序高效；到 2035 年，保护和管理体制机制完善，行政管理范围与生态系统相协调，实现对三江源自然生态系统的完整保护，建成现代化国家公园，成为我国国家公园的典范（如图 2-1 所示）。

按照《三江源国家公园总体规划》确定的目标，青海三江源地区全力开展自然资源资产管理体制改革，打破过去"九龙治水"的管理格局，初步建立了相关法律政策体系、标准体系和规划管理体系，摸清了自然资源资产本底，国家公园形象及其管理体制初步建立②。同时，三江源曾一度"斑秃"的黑土滩再次披上绿装，远处的湖泊群宛若点缀在草原上的蓝宝石，在阳光下闪耀着美丽的光芒，"千湖美景"重现眼前。

---

① 马秀.两会特刊：用江源大美打造美丽中国亮丽名片［N/OL］青海日报，2018–03–06. http://www.qhch.gov.cn/art/2018/3/6/art_81_14659.html
② 马玉宏.三江源头打造国家公园典范［N/OL］.新华网，2018–02–05. http://www.xinhuanet.com/energy/2018–02/05/c_1122367600.html

图2-1 三江源国家公园总体规划目标

2017年，青海省总投资4535万元，在国家公园范围内组织实施三江源生态保护和建设二期工程5大类8个项目。近年来三江源地区年平均出境水量达525.87亿立方米，年均比2005年至2012年平均出境水量增加59.67亿立方米，水域面积由4.89%增加到5.70%。湿地面积也显著增加，植被覆盖度逐步提高，湿地生态系统得到了有效保护，湿地功能逐步增强。藏羚羊、普氏原羚羊、黑颈鹤等珍稀野生动物种群数量逐年增加，生物多样性得到了逐步恢复①。

国家公园的建设也同样带来了客观的经济收益。一方面，绿色生态创造经济效益。仅生态旅游方面，三江源地区实现旅游总收入79.48亿元，年均增速20.75%。另一方面，生态管护与精准扶贫相对接也让贫困人口增加了收入。"试点以来，三江源国家公园管理局整合之前的草原、林地、湿地管护员

---

① 张添福.评估显示青海三江源生态建设区环境明显好转［N］.青海日报，2018-04-16.

制度，实行生态管护员制度，并将生态保护与精准脱贫相结合，创新生态管护公益岗位机制。"三江源国家公园管理局相关负责人久谢说。

国家公园的建设让越来越多的牧民放下牧鞭当上了生态管护员，保护生态的同时获得了红利，当地农牧民年人均可支配收入增加到了 7300 元，农牧民生活水平明显提高。一张覆盖三江源广袤大地的生态保护网正在织密织牢 ①。

更重要的是，当地群众的思想观念进一步转变，"在保护中发展、在发展中保护"的理念深入人心，广大群众由原来的"要我保护"转变为"我要保护"，自觉参与生态保护和修复工作的积极性高涨，这为持续深入推进三江源生态保护奠定了良好的社会基础。

通过启动三江源、大熊猫、东北虎豹、神农架等 10 个国家公园体制试点，各试点地区从自然资源资产分级统一管理、探索多样化保护管理模式、构建制度保障体系、实现人与自然和谐共生等多个方面先行先试，取得了阶段性成效，为国家公园体制建设提供了有效参考。

# 第四节　中国国家公园公共认知

## 国家公园大家看

国家公园，虽然带有"公园"二字，但它不等同于单纯供游人休闲消遣的一般意义上的公园，也不是为开发旅游而建设的风景区，而是强调资源保护与人类生存双赢，并向世界展示国家生态友好形象的特殊"公园"。

国家公园在西方国家已有 100 多年的历史，但在中国还是个相对较新的名词。随着国家公园试点建设、《建立国家公园体制总体方案》出台以及国家

---

① 万玛加. 为了"一江清水向东流"［N/OL］. 光明日报，2017-08-05. http://epaper.gmw.cn/gmrb/html/2017-08/05/nw.D110000gmrb_20170805_1-01.html

公园管理局成立等一系列政策和行动的开展深入，中国国家公园建设已经进入实质性阶段，在探索人与自然和谐共生，推进美丽中国建设等方面又向前迈进了坚实的一步。

然而，由于我国国家公园建设起步晚，社会对于国家公园的概念还鲜有耳闻，对于国家公园的实质与意义更是知之甚少。

通过搜索"国家公园"的百度指数[①]，可以了解当前社会对国家公园的认知状况。

从百度指数显示的结果看（如图 2-2），自 2011 年来社会对国家公园的认识总体呈缓慢上升趋势，但搜索量一直处于偏低的水平，国家公园的相关资讯和内容仅仅是少数人在关注。

2011~2016 年，公众对国家公园的认识一直处于不温不火的萌芽状态，零零星星，不成气候。2017 年，国内对国家公园的关注显著上升，提高了近 50% 的关注度，并在 4 月和 10 月出现了两个明显的关注度高峰。虽然笔者难以推测出这一现象的具体原因，但从整个搜索趋势中可以看出，国家公园的关注度是在不断提高的，并且在未来国家公园建设不断拓展完善的趋势下，这一主题将会受到越来越多的关注。

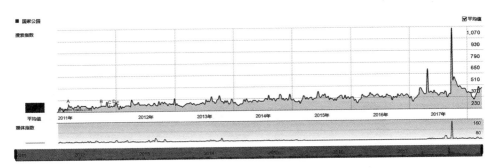

**图 2-2　2011~2017 年有关"国家公园"的搜索趋势图**

---

① 百度指数（Baidu Index）是以百度海量网民行为数据为基础的数据分享平台，是当前国内互联网的重要统计分析平台之一，自发布之日便成为众多企业营销决策的重要依据。利用百度指数能够检索出某个关键词在百度的搜索规模、一段时间内的涨跌态势以及相关的新闻舆论变化，关注这些词的网民是什么样的，分布在哪里，同时还搜索了哪些相关的词等。

看完趋势，我们再来了解一下社会对国家公园关注的内容具体都有哪些。通过搜索"国家公园"的百度指数，我们得到了国家公园关注内容的具体图谱，图谱内容的截取时间近一年，创建时间为 2017 年 4 月初，截至撰写本书时的 2018 年 3 月底。

从图谱中我们可以看到（见图 2-3、图 2-4），与国家公园联系最密切的便是"国家公园试点""国家公园体制"等与政策相关的词汇。从中我们也可以看出目前国家公园出现及讨论最为频繁的还是近几年有关国家政策的出台和建设试点等初步实践探索，内容也相对单一，仅集中于相关文件和方案的解读和理解，国家公园建设还尚未进入大众视野，政府的政策和行动是相关内容的主要影响力量。

在国家公园的试点地区中，"张家界国家森林公园"和"神农架国家公园"是相对更受关注的两处地区。同时，除了最受关注的试点和体制建设，"美国国家公园"也受到了一定关注。美国作为国家公园建设时间最久、经验最丰富、成果最丰硕的国家之一，其国家公园的发展历程和发展思路也是我国探索国家公园建设的有力参考。

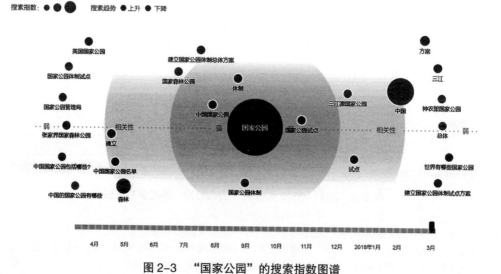

图 2-3 "国家公园"的搜索指数图谱

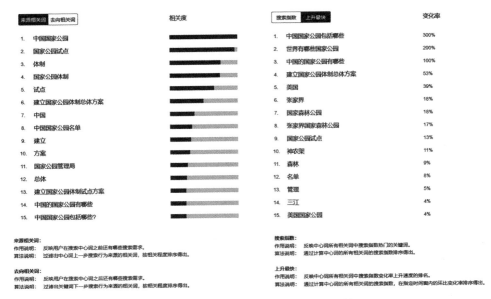

| 来源相关词 / 去向相关词 | 相关度 | 搜索指数 / 上升量快 | 变化率 |
|---|---|---|---|
| 1. 中国国家公园 | | 1. 中国国家公园包括哪些 | 300% |
| 2. 国家公园试点 | | 2. 世界有哪些国家公园 | 200% |
| 3. 体制 | | 3. 中国的国家公园有哪些 | 100% |
| 4. 国家公园体制 | | 4. 建立国家公园体制总体方案 | 53% |
| 5. 试点 | | 5. 美国 | 39% |
| 6. 建立国家公园体制总体方案 | | 6. 张家界 | 18% |
| 7. 中国 | | 7. 国家森林公园 | 18% |
| 8. 中国国家公园名单 | | 8. 张家界国家森林公园 | 17% |
| 9. 建立 | | 9. 国家公园试点 | 13% |
| 10. 方案 | | 10. 神农架 | 11% |
| 11. 国家公园管理局 | | 11. 森林 | 9% |
| 12. 总体 | | 12. 名单 | 8% |
| 13. 建立国家公园体制试点方案 | | 13. 管理 | 5% |
| 14. 中国的国家公园有哪些 | | 14. 三江 | 4% |
| 15. 中国国家公园包括哪些? | | 15. 美国国家公园 | 4% |

来源相关词:
作用说明: 反映用户在搜索中心词之前还有哪些搜索需求。
算法说明: 过滤出中心词上一步搜索行为来源的相关词,按相关程度排序得出。

去向相关词:
作用说明: 反映用户在搜索中心词之后还有哪些搜索需求。
算法说明: 过滤出关键词下一步搜索行为来源的相关词,按相关程度排序得出。

搜索指数:
作用说明: 反映中心词所有相关词中搜索指数热门的关键词。
算法说明: 通过计算中心词的所有相关词的搜索指数排序得出。

上升最快:
作用说明: 反映中心词所有相关词中搜索指数变化率上升速度的排名。
算法说明: 通过计算中心词的所有相关词的搜索指数,在指定时间内的环比变化率排序得出。

**图2-4 "国家公园"相关关键词及变化情况**

此外,"世界有哪些国家公园""中国国家公园有哪些""中国国家公园名单"等的出现也再次说明了公众对这一概念还不甚了解。同时,也说明对国家公园作为一个品牌本身其实兴趣颇丰。

媒体、学界、大众是构成公共认知的三个主要组成部分,三者的认知相互影响、相互作用,构成公众认知的主旋律。对国家公园的认知,媒体、学界和公众的视角和焦点各不相同,三者形象互异、认知有别,从媒体舆论、专家观点、公众关注三个角度来探究国家公园的公众认知也有利于刻画当前社会对这一内容的认识轮廓,形成更丰富、更全面的认知图谱。因此,以下便从这三个方面来介绍公共有关国家公园的具体状态。

## 国家公园大家看——媒体舆论

近年来,"国家公园"逐渐成为一个热门词汇。当国家公园刚刚形成政策热点,还未形成投资热流和市场热潮时,媒体就已经进行了相关报道。

当国家公园还仅停留在政策引导和实践试点时,媒体的宣传报道和舆论宣传无疑给还未对国家公园有所认知的公众起到了一定的引导作用。通过对"国家公园"的百度指数进行检索，可以看到从 2017 年 7 月到 2018 年 3 月这半年多来的资讯指数和媒体指数。我们不妨以此为例来探析国家公园资讯报道情况（见图 2-5）。

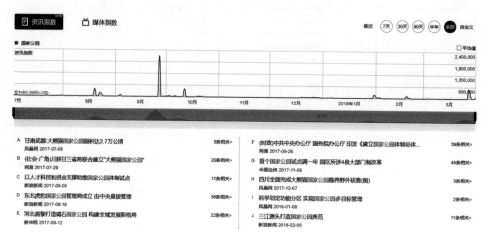

**图 2-5 2017~2018 年"国家公园"相关资讯指数**

同样是利用百度指数，我们再把视角转向媒体报道（见图 2-6），时间范围为 2017 年 7 月~2018 年 3 月。正如前面所提到的那样，媒体的报道主要集中于对政策的宣传，立场也相对中立，内容主要以政策解读和公共科普居多，以新华网、网易、凤凰网、新浪新闻等主流媒体报道为主，这有利于树立公众对国家公园建设形成客观的认知框架和正确的认知形象，同时有利于贯彻国家公园的建设理念。

不过，相对严肃晦涩的政策宣传也在一定程度上影响了国家公园的传播效果，不利于更多的人对其产生兴趣，妨碍国家公园被更多的公众理解和传播。

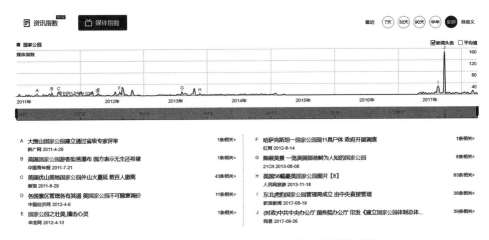

图 2-6　2017~2018 年"国家公园"相关媒体指数

　　资讯指数和媒体指数是分别就报道内容和报道主体进行划分的参考指数。从这两个指数中我们都可以看到，在 2017 年 9 月，国家公园的报道出现了一个峰值，这无疑是受当年 9 月《建立国家公园体制总体方案》出台的影响，除此之外近几年的报道都呈小幅波动而未有增长或下降的趋势。

　　可见，在媒体宣传报道方面，国家公园这一主题并没有受到足够关注，而是仅仅停留在对出台的重大政策进行宣传，没有随着国家公园建设的如火如荼、愈演愈烈而引导公众形成有效认知和共识，这也造成了公众至今仍对这一概念处于"不知所云"的阶段。

　　因此，对于国家公园的媒体宣传，仍需在扩大宣传的同时尝试更多易被大众理解接受的方式促进国家公园在实践深入的同时能够得到更多公众的理解和支持，不断丰富宣传手段和途径，注重知识普及的理念宣传，鼓励广大民众积极参与其中，促进国家公园做到真正的全民"共有　共建　共享"。

### 国家公园大家看——专家观点

　　与媒体报道不同，学界对中国国家公园这一课题更为敏感，关注程度也更高，对我国国家公园体制的认知也更为深刻。鉴于本书第二篇将会对中外学术界关于国家公园的分析做具体阐述，因此在此处便省略诸多对于当前学术研究内容的罗列，而是通过当前学界的主要呼声和典型观点展现当下学术探讨的大致图谱框架。

所谓国家公园，是指自然环境优美、资源独特、具有区域典型性、保护价值大的自然区域，该区域不受或较少受到人类活动的影响，是一个国家或地区维护自然生态系统平衡、保护生态环境和生物多样性、发展生态旅游、开展科学研究和环境教育，增强国家认同感的重要场所[①]（朱道弘，2014）。国家公园强调自然资源原生态、完整性的保护，莫高窟、故宫等人文文化资源不可能列入进去[②]（刘思敏，2017）。

国务院发展研究中心的苏杨博士曾指出，在目前发展方式尚未根本转变、自然保护区保护力度仍受到体制性制约的情况下，用国家公园的形式加强保护，是必要的甚至是必需的（祁连山自然保护区事件就是最好的例证[③]）。

国家公园之所以能实现更好的保护，主要动力来自体制的整改、强化和空间的整合。在自然保护地体系中，国家公园还是要与其他类别的保护地在功能和管理方式上有所区别，才可能从国家层面把好钢用在刀刃上，让各类保护地各尽所长，让地方政府处理好保护与发展的关系[④]。我国建立国家公园的首要目标，是保护自然生物多样性及其所依赖的生态系统结构和生态过程，

---

① 刘洋. 两会声音：加快国家公园管理机构建设与立法［EB/OL］. 新浪新闻，2017-03-09. http://news.sina.com.cn/o/2017-03-09/doc-ifychihc5920803.shtml

② 宋媛媛. 中国的国家公园呼之欲出［N/OL］. 法治周末，2017-10-10. http://news.hexun.com/2017-10-10/191164846.html

③ 注：祁连山系列环境污染案是指近年来在祁连山保护区内，因为违规审批、未批先建，导致局部生态环境遭到严重破坏的系列案件。2017年1~10月，甘肃省检察机关经审查，共批准逮捕祁连山破坏环境资源犯罪案件8件16人；建议行政执法机关移送破坏环境资源犯罪案件23件30人，监督公安机关立案侦查破坏环境资源犯罪案件14件15人。2017年11月，最高人民检察院侦查监督厅派出督导调研组赴甘肃省对祁连山系列环境污染案进行督导调研，提出具体督导意见。

④ 苏杨. 用国家公园进行野生动物保护的是与非——解读《建立国家公园体制总体方案》之四［J］. 中国发展观察，2018（2）.

推动环境教育和游憩，提供包括当代和子孙后代的"全民福祉"①（朱春全，2017）。

清华大学的杨锐教授认为，我国的国家公园建设应坚持三个理念：生态保护第一、国家代表性、全民公益性。相比以审美体验为主要目标的风景区，国家公园是中国生态价值及其原真性和完整性最高的地区，是最具战略地位的国家生态安全高地，如三江源、大熊猫、东北虎豹、神农架和武夷山等国家公园体制试点都具有这样的特征。国家公园作为最为珍贵稀有的自然遗产，是我们从祖先处继承，还要完整真实地传递给子孙万世的"绿水青山"和"金山银山"。

因此，国家公园在局部利益和个体利益面前要始终以国家利益为重。在国家公园制度设计中，应保证每个国民平等参访的权利，以国民福利为原则，实行低费用门票以及相配套的预约制度②。

关于国家公园的两个关键词，第一是"保护"，第二则是"转型"。国家林业局调查规划设计院副院长唐小平同时指出，国家公园这种转型发展过程也是传播生态文化的过程。国家公园将成为生态教育的生动课堂，良好的生态环境、人与自然和谐的实践将激发国民热爱自然、享受自然的热情，使公众在游憩体验过程中树立尊重自然、保护自然、顺应自然的生态发展理念。

国家林业局昆明规划院的唐芳林院长在比较了成立国家公园管理局和实行大部制的利弊的前提下，提出了实施"统一协调、专业管理"的国家公园管理思路，以及"央地结合、分级管理"的管理模式，提出将国家公园划分为严格保护区、生态保育区、科普游憩区、传统利用区四个功能区。其中，严格保护区和生态保育区纳入红线管理，严格保护区禁止人为活动，生态保

---

① 王晓易. 中办国办印发建立国家公园体制总体方案［EB/OL］. 网易新闻，2017-09-27. http://news.163.com/17/0927/10/CVB8FJH3000187VI.html

② 安蓓，高敬. 中国国家公园体制亮相 国家公园是什么"公园"？［J/OL］. 中国经济网，2017-09-27. http://www.ce.cn/xwzx/gnsz/gdxw/201709/27/t20170927_26329465.shtml

育区除了科研和生态修复外，限制其他人为活动①。

同时，他还提出了一套相对完整的搭建我国自然生态空间保护的"四梁八柱"体系。指出通过国家公园体制建设促进我国建立层次分明、结构合理与功能完善的自然保护体制，构建完整的体系②：

完整的自然保护地体系：永久性保护重要自然生态系统的完整性和原真性，所有的野生动植物得到保护、生物多样性保持，文化得到保护和传承；

稳定的资金投入体系：解决持续稳定投入的问题，确保财政为主的投入机制；解决国家级自然保护区由地方为主的问题，形成以国家投入为主、地方投入为补充的投入机制；

统一高效的管理体系：解决跨部门管理的问题，形成高效统一的管理体系；

完善的科研监测体系：瞄准国家公园自身资源与管理发展的科研项目设置，服务于国家公园保护管理与搭建国际科研平台；

配套的法律体系：制定与修订相关顶层自然资源保护法，制定符合地方实际的、完善的国家公园法律法规，制定与国家公园自身保护对象相适应相匹配的国家公园管理办法，实现"一园一法"；

人才保障体系：以中央编制为主，配备负责国家公园建设和管理的人员，以确保国家公园公益性的实现；

科技服务体系：整合现有国家公园优秀的研究团队和建设团队，建立国家公园研究服务机构，加快国家公园体制研究步伐；

有效的监督体系：构建以职能部门相互协作，以及社区居民与公众积极参与的监督体系；

---

① 昆明勘察设计院.专家学者共议生态文明　探讨国家公园建设发展之路［EB/OL］.中国林业网，2016-08-12. http://www.forestry.gov.cn/Zhuanti/content_201308sthx/897073.html

② 唐芳林，王梦君.以国家公园为代表的新型自然保护体系［N/OL］.中国绿色时报，2017-08-03. http://news.sina.com.cn/o/2017-08-03/doc-ifyiswpt5069823.shtml#

公众参与体系：横向协作，多方参与，志愿者服务完善。在体验国家公园自然之美的同时，培养爱国情怀，增强环境意识；

特许经营制度：通过特许经营方式，在游憩展示区适当建立游憩设施，使公众充分享受自然保护的成果。

对于较受关注的我国国家公园生态保护所需的资金保障问题，《建立国家公园体制总体方案》中已经明确，建立以财政投入为主的多元化资金保障机制。中央政府直接行使全民所有自然资源资产所有权的国家公园支出由中央政府出资保障。委托省级政府代理行使自然资源资产所有权的国家公园支出由中央和省级政府根据事权划分分别出资保障。

中国科学院动物研究所谢焱博士此前曾带领的专家团队做过测算，我国政府每年只需要投入 GDP 的万分之 5.5（其中约 200 亿元用于自然保护地的常规保护管理工作，30 亿元用于综合管理，30 亿元用于非常规管理工作），就可以使我国 17.48% 的陆地和 10% 的海洋得到有效保护，守住我国的生态安全底线[1]。

我国正在开展的国家公园体制试点区域大多位于大江大河源头、高山峻岭腹地等区域，是我国极为重要的生态屏障区或生态功能区。这些区域经济发展长期依赖于水能、矿产资源开发利用。国家公园在建设时，应首先将耗水耗电耗资源的企业等有序退出，鼓励当地社区依托国家公园品牌，从事民宿、农家乐和林牧特色产品开发等经营活动，建设"生态友好型"生产生活社区，使绿水青山更好地转化为金山银山[2]（唐小平，2017）。门票收入虽然少，但我们要算大账、算长远账，国家公园建成后，将会带动周边城市的餐饮、住宿等服务产业发展，必将促进当地经济发展[3]。

---

① 章轲. 自然保护区升级国家公园"九龙治水"局面将变［N/OL］. 第一财经日报，2014–11–10. http://www.myzaker.com/article/59ecadca1bc8e01e5400000a/

② 李慧，国家公园：让绿色发展成为文化标识［EB/OL］. 光明日报，2017–08–01. http://www.forestry.gov.cn/main/72/content–1012384.html.

③ 董渺. 国家公园亮相了［EB/OL］. 陕西日报，2017–11–15. http://www.forestry.gov.cn/Zhuanti/content_201408gjgyjs/1047312.html

国家公园应当按照自然资源、生态系统、重点保护物种和栖息地保护和恢复需要，以及社会经济活动现状等合理进行功能分区，实行差别化管理。原住居民传统生产生活方式在生态承载力范围内的，可将其聚居区划入传统利用区或生态体验区、特许服务区等，对生产经营活动进行规范化管理。

国家公园也会合理设定公益管护岗位和社会服务公益岗位，优先安排原住居民就业。也可考虑选择区域内以及周边一些城镇、村屯、林场和牧场作为社区生态体验示范区，设立国家公园公共服务区和访客接待中心，建立特许经营机制，鼓励支持原住居民参与特许经营。

对于我国国家公园的建设，关心的读者不多、讨论的专家不少，达成的共识也普遍存在。尽管相关研究还存在诸多争议和不足，但唯有这种百家争鸣、激烈碰撞的学术探索，才能最终形成推动国家公园体制建设的宝贵指导意见。国家公园体制的建设需要有识之士的冷静思考和批判性建议，这对于刚刚起步的国家公园发展而言是十分有利的养料。

## 国家公园大家看——公众关注

"仓廪实而知礼节，衣食足而知荣辱"，物质文明充分发展后，生态伦理成为生态文明时代的道德规范。国家公园拥有丰富的生物多样性、神奇的自然生态系统、壮美的自然景观，正是开展生态伦理教育的目的地和重要基地（崔国，2017）。

2017年9月，中共中央办公厅、国务院办公厅印发的《总体方案》指出，国家公园由全体国民所有，国家公园内全民所有自然资源资产所有权将逐步过渡到由中央政府直接行使，同时指出，国家公园重点保护区域内居民要逐步实施生态移民搬迁，集体土地优先通过租赁、置换等方式规范流转，由国家公园管理机构统一管理。

从中我们可以看出，国家公园奉行共有、共建、共享的理念，强调"国家所有、全民共享、世代传承"和公民的平等享用，国家公园建设不单单是国家的事情，还牵扯到我们每一个人。公民的认知和行为会影响到国家公园的发展进程，让所有包括当代和将来公民在内的公众受益也是国家公园建设的主要宗旨之一。

利用百度指数，我们能够得到当前网络中有关国家公园搜索源的所处位置和大致特征，也可以借此途径了解与之相关的公众形象和特征。

可以看出，相关信息主要集中于北京、广东、山东、江苏等信息资讯相对发达的东部而非大多数国家公园所处的中西部，可见就近原则在国家公园的建设上并不适用，信息发达程度成为国家公园传播的主要因素。

北京、上海成为相关信息的集中区，大城市仍是接触这一信息最多的区域，这可能也是受网络普及程度的影响。

对于"国家公园"相关搜索人群（见图 2-7），大致与我国的平均人群特征一致，主要以中青年人为主，同时男性人群（约 55%）略多于女性（约 45%）。

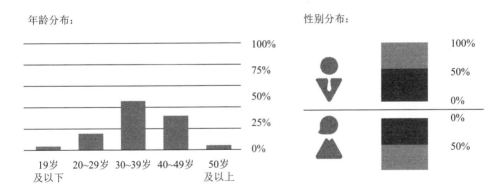

**图 2-7 "国家公园"相关搜索人群的年龄及性别分布**

国家公园，虽然带有"公园"二字，但它不等同于单纯供游人休闲消遣的一般意义上的公园，也不是为开发旅游而建设的风景区。国家公园，是要把最应该保护的地方保护起来，代代相传，给子孙后代留下最珍贵的自然遗产。

国内民众对于国家公园的认知，大多是从黄石国家公园等国外国家公园的认知开始的，一直以来，此概念都像是国外的特有概念，国内鲜有景区提及使用。近年来随着政策和实践的不断展开，一些人对国内国家公园也逐渐产生了想象和期待：

"我认为国家公园无限美好的自然风光是大自然对人类的馈赠，它属于全体国民，所以也应该让国民免费参观。"

"我觉得国家公园建设规模这么大，国家会投入很多资金，可以适当向游客收取门票费。"

"其实，只要门票价格不是很贵，我们都可以接受，毕竟这么大的公园也要很多工作人员来维护。"

"……"

对于公众的认知，公众的乐观期待多于悲观失望，基于当前国内民众对于自然生态的热切期望和刚性需求，国家公园对公众的吸引力也将不断增强。

当然，公众还普遍没有对国家公园形成清晰明确的认识，对概念的认知还较为模糊，很少从发展趋势的大局中看待其意义，更多地还停留在给其个人带来更多美丽风景和更亲民的价格等具体期望上。

认知影响行为，国家公园的建设需要公众的配合。公众对国家公园的态度也会影响到未来对国家公园的参观访问等行动，其在国家公园的言谈举止、所作所为也会成为国家公园发展的重要影响因素。

国家公园向公众敞开怀抱的同时也需要让公众自身做好准备，引导公众不断提醒自己：我可以保证有素质地游玩吗？我可以为国家公园增光添彩吗？作为参观国家公园的一分子，我准备好了吗？

愿中国的国家公园，成为中华儿女永远的心灵圣地，梦里天堂。

# 第五节　中国国家公园未来展望

截至 2017 年年底，全国共建立不同级别保护区 2750 个，总面积约 14733 万公顷，约占全国陆地面积的 15%，其中国家级自然保护区 469 个[①]。在今年国家林业和草原局暨国家公园管理局设立之后，以国家公园为主体的各类自然保护地都将交由国家林业和草原局（以下简称国家林草局）负责。

新机构刚刚成立，老问题却亟待解决。虽然国家林草局和国家公园管理局已成立，诸多顶层设计政策也相继出台，但不可否认我国长期以来形成的庞大复杂的自然保护体系在这次改革转型中仍面临诸多挑战，许多诸如已有各类国家公园的整合及新国家公园体制机制的建设路径等问题仍是悬而未决或进度缓慢。对这些具体问题的把握是影响改革进度的关键，也是矛盾焦点之所在。

国务院发展研究中心研究院的苏杨曾指出，当前我国国家公园的建设面临着两个突出的约束：地、人。即土地权大多不属于政府，内部有大量原住民。与之相对应，带来两个体制建设难点：钱、权。即要使遗产地充分体现保护为主、全民公益性优先，需解决其资金来源何在，相关土地权属问题如何解决，管理中的责任和权力如何划分等问题。

地、人这两个约束和钱、权这两个体制改革难点，使具体的体制改革方案需要更多地考虑基础性制度，如自然资源产权制度。改革的先导性和国家公园体制改革的可行性则需更多考虑地方政府在推进改革时的财政困难和既得利益结构，全面考虑相关部门在参与改革时的遗产地管辖空间范围、职责

---

① 宋雪.我国自然保护区占陆地面积近一成半［N/OL］.人民日报，2018-04-18. http://travel.cnr.cn/list/20180418/t20180418_524203128.shtml

分工和部门利益 ①。

去年出台的改革方案已经指出，"理顺管理体制，创新运营机制"。这是事关国家公园体系建立和深化的重要内容，是一项比较复杂、艰苦的政策法规、管理方式的整合和变革过程。这些国家公园中的体制问题在未来则需要进一步厘清，始终坚持以国有土地为主，切实体现国家的授权管理。

截至目前，自然资源部地质公园部分已划转到国家林草局，国家林草局正在和相关部门沟通，包括生态环境部管理的自然保护区，住建部的风景名胜区，水利部的部分保护区以及原先海洋局的部分保护地。初具规模的国家公园和现有的规模庞大的自然保护区之间，未来将是什么关系，如何具体协调其关系来做好衔接和整合等工作仍是摆在国家公园未来发展道路的一大难题。可以预见这也必将成为一场国家公园管理体制实施过程中的攻坚战。

此外，未来国家林草局将进行全国范围内的国家公园空间布局，在哪些地方建国家公园，建多少个国家公园，也是下一步工作的重要内容。

国家公园公众性、公益性的要求是树立国家公园体系核心价值的体现。国家发改委的有关负责人也进一步指出，下一步，政府将加大投入，推动国家公园逐步回归公益性。同时，立足国家公园的公益属性，将建立财政投入为主的多元化资金保障机制。国家公园将实行收支两条线管理，各项收入上缴财政，各项支出由财政统筹安排，并负责统一接受企业、非政府组织、个人等社会捐赠资金。

未来，国家公园的建设将突出强调"坚持生态保护第一"的目标，秉承"山水林田湖草是一个生命共同体"的理念，依据整体性、系统性的原则，对相关自然保护地进行保护和功能重组，构建以国家公园为代表的全国性的自然保护地体系。

保护优先的原则要求更加谨慎、科学地处理好保护与利用的关系，这比

---

① 苏杨. 国家公园体制建设难点在哪［N/OL］. 中国环境报，2016-01-18. http://www.envir.gov.cn/info/2016/1/118226.htm

以往都更具有刚性约束和挑战性。以保护为核心的要求对涉及国家公园的旅游资源利用方式、旅游者游览方式也将会带来直接的影响。在国家公园内，有限的旅游设施必须严格服从生态保护的各项要求，对游客也会实施严格限定游览范围和方式的生态旅游模式。

总而言之，旅游管理者、经营者和消费者都将面临对国家公园认识和行为的调整[①]。

可以期待，有朝一日，国家公园内除了必要的经营性服务项目，其主体空间会逐步免费向公众开放，成为开展修学教育和陶冶身心的乐土。公益性、共享性的国家公园价值取向所带来的低门票准入和最终走向免票制度，将使现有的许多"潜在国家公园"景区门票面临着降低票价乃至取消门票的挑战。

以后，国家公园将逐渐成为传统名山大川类的核心景区实施资源和管理整合、推进体制改革的最新模式。这有利于整合空间范围较大、类型多样的核心景区，促进全域旅游在空间上的拓展。

同时，国家公园作为新兴的、响亮的旅游品牌，将在旅游目的地的塑造中发挥标杆性作用，将逐渐成为国内外游客出游选择的重要吸引物，由此也会带来国家公园与传统旅游目的地品牌之间的新型关系[②]。

未雨绸缪，旅游发展应尽早思考如何摆脱长期对门票经济甚至高票价支撑的依赖，这对旅游业的转型发展来说变得越来越紧迫。

可以预见，未来国家公园将逐步走出把国家公园作为地方"摇钱树"的本位主义做法，为把旅游业建设成为人民更加满意的现代服务业提供更加有利的宏观制度环境。

国家公园的建设能在多大程度上改善我国的生态面貌，其规模、质量和效果如何，我们难以预测。不可否认的是，我国能在近几十年短暂的生态建

---

① 窦群.国家公园将成为旅游发展新标杆［N/OL］.中国旅游报，2017-08-23. http://www.sohu.com/a/190888183_126204

② 窦群.国家公园体制将带来深远影响［N/OL］.中国旅游报，2017-04-06. http://www.cnta.gov.cn/xxfb/wxzl/201704/t20170406_821483.shtml

设中取得现有成绩并不断探索适合我国国情的国家公园体系已经令人欣慰。改革中出现问题和阻力在所难免，重要的是始终秉承和践行自然保护的理念，在已有基础上为实现更蓝的天和更清的水不断探索完善。

新的国家公园体系的建设不可一蹴而就，需要极大的决心和耐力打好这场长期攻坚战。政府是引领改革的带头人，但不是推动改革的主体，国家公园体系的建设需要社会各界担起生态保护和美丽中国建设的责任，共同推进国家公园建设的具体实践，不负为后代保留蓝天碧草的使命。

第二篇

百家争鸣之学术探讨

# Part 3

## 第三章　国内外文献概况

　　国家公园的实践起始于 1872 年美国黄石国家公园的建立，至今，国家公园和自然保护地的实践已从美国一个国家发展到世界上 200 多个国家和地区，从"国家公园"这单一概念发展成为"自然保护地体系""世界遗产""人与生物圈保护区"等自然保护领域的系列概念。国家公园概念本身也从朴素的生物保护扩展到生态系统、生态过程和生物多样性的保护等多种内涵[①]。

　　中国在国家公园建设方面也进行了一些探索，早在 20 世纪 80 年代就设立了国家级风景名胜区，英译为"National Park"，并借鉴了一些国际上国家公园的理念和做法。2006 年，云南迪庆藏族自治州通过地方立法成立香格里拉普达措国家公园。2008 年，中国环境保护部和国家旅游局批准建设中国第一个国家公园试点单位——黑龙江汤旺河国家公园，同年国家林业局同意将云南省列为国家公园建设试点省。虽然以上实践都冠以"国家公园"之名，但是在体制机制、管理方式等方面并没有彻底变革（宋瑞，2016）。

　　在 2013 年的十八届三中全会上，建立国家公园体制的概念被首次提出，

---

　　① 杨锐. 国家公园与自然保护地研究［M］. 北京：中国建筑工业出版社，2016.

并在此后开展了国家公园的体制试点。2017 年 9 月 26 日，中共中央办公厅、国务院办公厅印发了《建立国家公园体制总体方案》，正式拉开了国家公园体制建设的序幕，国家公园体制改革也因此迈出了实质性的关键一步。

国外学术界很早就展开了对国家公园的有关研究，至今已有近百年的研究历史，并借助于丰富的实践探索形成了相对成熟的理论体系。中国学术界对于国家公园的有关研究受过去实践缺乏、思想束缚等因素的影响而起步较晚，随着近年来相关政策和实践的不断推进，学术上的有关研究也逐年增多，最近几年更是一度成为研究热点。

我国国家公园起步时间较晚、资源种类繁多，且地方行政垄断、旅游开发过度等问题较为突出，其国家公园体制的建设迫切需要借鉴国外发达国家的国家公园研究经验，探索符合中国国情的国家公园建设之路[①]。

国家公园的文献综述梳理是开展国家公园相关研究的基础和前提，有助于对当前相关领域的学术研究现状进行总体把握，也为相关分析的展开和深入提供铺垫。因此，本篇以文献综述研究为切入点展开国内外文献的概况梳理和内容总结两方面分析。

# 第一节　国外文献概况

## 一、文献数据来源

我们可以在中国知网（CNKI）中通过检索主题和篇名包含"national park（国家公园）""recreation（游憩）"得到相关外文文献，加入"recreation（游憩）"是为排除一些作为纯保护区的国家公园的有关文献。因为在诸如美国等

---

① 王蕾，范文静，刘彤.国家公园研究综述：回顾与展望［J］.中国旅游评论，2015（2）：44-58.

国的国家公园体系中，国家公园是其中的一部分，此外还有严格自然保护区、风景 / 海景保护地、自然资源可持续利用地等其他国家公园体系构成要素，而游憩（recreation）的存在可用于更好地辨识出我们所需要的狭义的国家公园的内容（national park）。

在剔除一些研究主题不相关的文献后，我们最后筛选得到 163 篇文献，以下便以这 163 篇文献为例进行分析。

国外国家公园的相关研究自 20 世纪 70 年代便已初步涉及，并在进入 21 世纪后对该领域的兴趣日益浓厚，相关文献数量较快增加（见图 3-1）。2010 年前后是有关研究的高峰，这与当时对全球气候变化和环境恶化讨论较为激烈等因素相关，近几年相关文献有所减少，但仍处于较高水平。

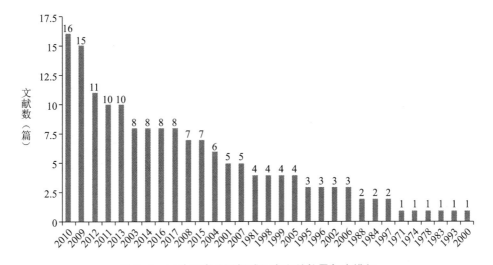

图 3-1　国外国家公园领域研究文献数量年度排行

在国家公园研究的学科分布上，国外有关国家公园的文献所涉及的学科较广泛（见图 3-2），其中涉及较多的主要为旅游学、生物学、宏观经济管理与可持续、环境科学与资源利用等领域。由此可以看出，国外的国家公园是其发展旅游业（Hospitality）的重要组成部分，其游憩功能较为突出。不过，这也可能是一定程度上受到了检索关键词"recreation"的干扰。

同时，生物、环境科学等自然类学科也是联系较为密切的内容，体现了其生态保护的重要原则。

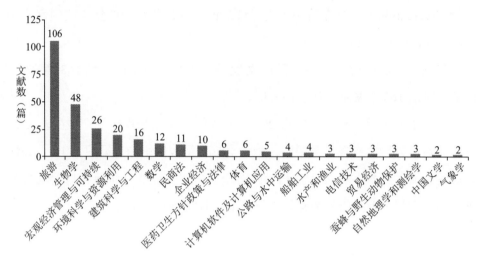

图3-2　国外国家公园领域各学科文献数量排行

## 二、文献研究热点

文献关键词是研究思想内容的浓缩与提炼，高频度关键词的出现反映了该领域的研究热点[①]。SATI 文献题录信息统计分析工具（Statistical Analysis Toolkit for Informetrics，SATI）可通过对期刊全文数据库题录信息的处理，利用一般计量分析、共现分析、聚类分析、多维尺度分析、社会网络分析等数据分析方法，挖掘和呈现出美妙的可视化数据结果。

通过 SATI 软件可以对国外国家公园的研究文献进行关键词分析（见图3-3）。由此可以看出，出现频率最高的关键词是 recreation（游憩）、national park（国家公园）、humans（人类）、management（管理）、conservation（保护）、natural（自然的）、analysis（分析）等。

---

① 肖练练，钟林生，周睿，虞虎. 近30年来国外国家公园研究进展与启示［J］. 地理科学进展，2017，36（2）：244-255.

可以看出，国外对国家公园的研究主要是分析其游憩功能的开发、国家公园的保护与管理以及如何做好资源保护与利用之间的平衡。

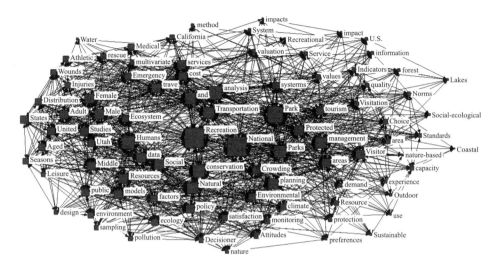

图 3-3 国外国家公园研究关键词图谱

# 第二节 国内文献概况

## 一、文献数据来源

由于国内"国家公园"概念的使用与"国家森林公园""国家湿地公园""国家地质公园"等概念存在交叉与混淆，所以本书在研究中尽量减少这些相似概念的干扰。

通过在中国知网（CNKI）中检索包含"国家公园"且不含"国家森林公园""国家湿地公园""国家地质公园"的篇名，共检索到 2073 条结果。基于研究的代表性，本书仅以其中的核心期刊为例进行研究，经过检索和筛选，共得到 246 篇文献，以下便以这 246 篇文献为例进行分析。

文献年度分布上，我国对国家公园的正式研究大致始于 20 世纪 90 年代（见图 3-4），从 1992 年至 2012 年，国内对国家公园的研究开始波动性缓慢增长，每年发表的有关国家公园的核心期刊基本不超过 10 篇，处于研究的萌芽阶段。

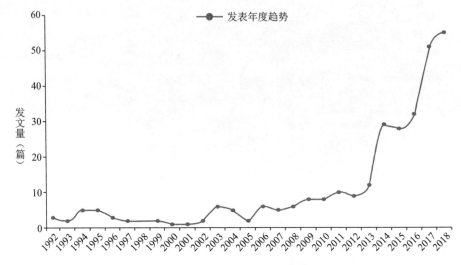

图 3-4　国内国家公园领域研究文献数量年度分布

2013 年是相关研究的一大分水岭，在此之后以"国家公园"为主题的文献大量涌现，2017 年国内有关国家公园的研究文献更是出现了指数型的快速增长。这两次阶梯式的增长与 2013 年十八届三中全会提出国家公园体制概念和 2017 年《建立国家公园体制总体方案》的出台时间相一致，从这个角度也可以说明当前我国制度和政策的出台对国家公园研究的影响之大。

总体上，国内国家公园相关研究文献仅有 10 多年的历史，研究文献数量还比较匮乏，处于研究的边缘状态。相关研究文献主要集中于近 5 年内，且受政策的影响十分显著，近几年呈现出迅速增长态势。

对于国家公园研究的学科分布，国内有关国家公园的文献所涉及的学科较广泛，从科技工程类到人文社科类都有所涉及，其中涉及最多的领域主要有建筑科学与工程、环境科学与资源利用等（见图 3-5）。

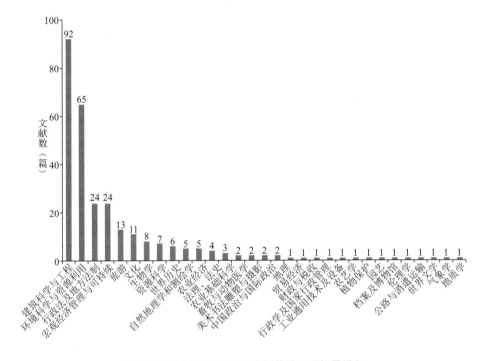

**图 3-5 国内国家公园领域各学科文献数量排行**

从图中可以发现，建筑、法律、环境是国内国家公园研究最密切的学科，这些学科都存在实践性较强的特点。之所以这些学科成为与国家公园研究联系最紧密的学科，主要是由于我国国家公园的发展刚刚起步，其开发建设是当前的重点工作内容。旅游功能的实现也是国家公园实践中较为关注的开发方向，环境则是在当前可持续发展理念下国家公园建设的关键要求和条件。

与广泛的学科密切相关的是研究机构的广泛参与，有关政府机关和科研院所都对国家公园的研究给予了广泛关注，其中该领域核心期刊发表数量排行较为靠前的有北京林业大学、清华大学、云南大学、中国科学院地理科学与资源研究所、北京大学、同济大学等（见图 3-6），研究机构多为高校及相关科研院所，且主要是相关研究领域知名度较高的几所院所机构。

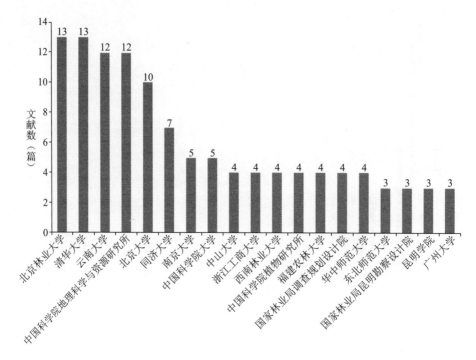

**图 3-6　国内国家公园领域各研究单位核心期刊发表数量排行**

　　国家公园研究领域的相关学者专家也多位于这些科研院所和机构，图 3-7 所展示的是该领域主要专家的相关论文发表量和专家间的合作关系，笔者通过 SATI 软件，绘制出了该领域主要研究人员的关系图谱。方块的大小代表该专家论文发表量的多少，连线表示各研究人员间曾合作发表过相关论文，如中科院地理科学与资源研究所的钟林生、清华大学的杨锐等都是该领域论文

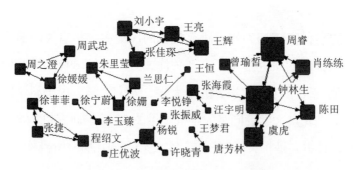

**图 3-7　国内国家公园领域主要研究人员关系图谱**

数量较多且合作相对广泛的学者。

同时可以发现各专家学者的合作多为机构内部合作，机构间专家学者合作发表论文的现象还较不常见，也有待今后联系合作的加强。

## 二、文献研究热点

运用 SATI 软件可以对国家公园的研究文献进行关键词分析（见图 3–8）。可以看出，出现频率最高的有国家公园、风景名胜区、自然保护区等，这反映出我国国家公园建设的主体。同时国家公园体制、美国等关键词也比较靠前，反映出当前有关体制建设是研究的重点，而学习诸如美国等国家公园体制较为完善的国家的先进经验也是当前的研究热点。

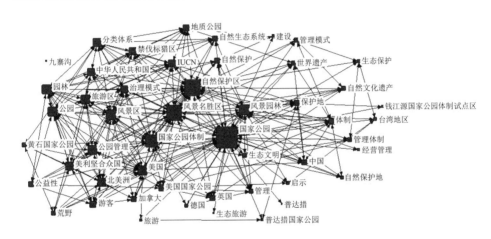

图 3-8 国内国家公园研究关键词图谱

# 第三节 总结

从文献年度分布状况来看，自 20 世纪 70 年代开始，国外就已经有国家公园（national park）与游憩（recreation）相关的论文出现（见图 3–1），研究的时间跨度较长，早于国内（见图3-4）20年左右，有关国家公园的研究在20世纪末开始快速增加，同国内一样，近些年成为研究热点备受关注。

总之，国内外在近些年对于国家公园的研究从数量上看都呈较快增长的趋势，备受学界关注。国外相关研究的时间跨度更长，研究历史更久，文献数量相对更多，其发展态势相比国内的指数式增长更为平缓。

从中外在该领域的学科分布来看，旅游与环境科学都是研究的重要领域，这反映出中外国家公园开发在理念上与功能上存在共通之处。同时，国内外具体研究重点也存在诸多差别，如国内的重点多放在建筑科学和环境，而国外重点关注生物学和宏观经济管理与可持续利用。

同时也可以看出生物、环境的保护与资源的可持续利用在国外国家公园建设中的重要程度，这也反映出不同发展阶段和不同社会背景下发展的侧重不同。

# Part 4

# 第四章 主要研究内容分析

## 第一节 国外主要研究内容

通过整理分析，国外有关国家公园的研究内容主要分为生态环境和自然资源的评估与分析、环境保护与可持续发展研究、规划建设与收益管理、管理体制与运营机制、解说教育与旅游服务和社区参与以及利益相关者研究六部分。以下便从这六方面进行介绍。

### 一、生态环境和自然资源的评估与分析

生态环境与自然资源的保护始终是国家公园赖以存在的基石，对这些资源的评价和分析则是开展国家公园开发活动的前提和基础，国外在这一领域较早就开始了探索分析。

除去传统的资源评估方法，有学者认为（White & Lovett，1999），通过支付意愿调查可以将国家公园的本底资源价值以货币形式做出评估，从而直

观地揭示某一国家公园的价值存量，也有学者较为关注特定行为对国家公园内保护资源产生的影响（Thapa，2010）。如 Harcourt（1981）认为，鉴于社区居民的活动对野生动物的消极影响，应将人类在保护区内的活动范围控制在 20% 以下。

## 二、环境保护与可持续发展研究

随着全球温室气体排放、气候变化等问题不断升温，国家公园研究也开始关注环境问题。Lin（2009）的研究表明，不同国家公园中人类的二氧化碳排放量是不同的，这主要是受到游览距离和交通方式的影响；自驾游是人均二氧化碳排放量最高的出行方式，因此，应当通过交通管制和价格调整引导自驾游客的出行方式转向乘坐公共交通工具。

Scott 等（2007）的研究揭示出，环境变化将对游憩活动产生影响，尤其是极端气候的出现将对国家公园的游览产生显著的负面影响。游客随意地在山地的环境脆弱区域游览会加剧环境破坏的程度，尤其是随着海拔的升高，脆弱区域对人类活动影响的敏感性将变得更大。

国家公园内自然资源的未来如何取决于居民对使用这些自然资源的需要与这些自然资源的保护之间的脆弱的平衡关系，为了保护国家公园内生物的多样性，应减少人为养殖体系所带来的影响（H. H. Hendricks，2007）。

因此，需要公园管理者做出合理规划，保证脆弱区域对旅游活动的影响保持更高的弹性（Arrowsmith 和 Inbakaran，2002）。

## 三、规划建设与收益管理

在国家公园的规划分析方面，世界主要国家基于游憩生态学的原理建立了一系列如 LAC、VERP[①] 等分析方法。

---

① America National Park Service . VERP—The Visitor Experience and Resource Protection Framework：A Handbook for Planners and Managers［M］. 1998.

游客体验和资源保护（Visitor Experience & Resource Protection，以下简称"VERP"）方法是美国国家公园管理局最新采用的公园规划方法。该方法尝试在综合考虑各种要素的基础上，通过对地图的审视和叠加，把理想状态下的游客体验和资源保护综合体分配到国家公园具体的地理单元上，以达到同时维持国家公园内的自然、文化资源的品质和游客体验品质这一根本目的[①]。

美国国家公园规划体系包括总体管理规划、战略规划、实施规划以及年度实施规划和报告4个层次。总体管理规划主要解决目标确定的问题，战略规划主要解决项目的优先顺序问题，实施规划主要解决资金落实情况下的项目实施问题，年度实施规划主要在具体操作层次提供详细的工作内容（Ellis Richard，2014）。VERP主要在总体管理规划和战略规划中发挥作用。

此外，一些学者也提出了对于国家公园规划的分析思路，如从国家公园游客管理、旅游监测、旅游服务与基础设施建设、旅游与当地社区、市场营销与财务、旅游发展政策等视角阐述国家公园中规划的框架与管理要点（Eagles，2002）。

由于国家公园淡季与旺季的拥挤成本不同，实行淡旺季两种门票价格是符合经济规律的（Douglas，1996）。同时加拿大、美国等发达国家，人口较少，而国家公园的发展历史又较长，供给量相对充分，国家公园通常不会出现拥挤情况。根据效率和社会福利最大化原则，政府部门多以较低的价格提供（Broadway，2000）。

虽然很多国家的国家公园是非营利性的，但对收益进行科学管理是国家公园可持续运营的重要条件，国家公园的收益管理也受到了学者的诸多关注，例如Thanakvaro（2003）假设了"实验性的""魔鬼般的"和"梦幻般的"3种成本效益分配模式，并就其对国家公园及社区经济产生的影响分别进行了探讨。

---

① 杨子江，林雷，王雅金.美国国家公园总体管理规划的解读与启示［J］.规划师，2015，31（11）：135–138.

## 四、管理体制与运营机制

对于国家公园的管理研究，既包括政府层面的管治，也包括国家公园内部的组织架构、运营管理等诸多方面。鉴于自然条件、管理目标、制度安排、管理实施、土地所有权、资金安排等的差异，世界上形成了美国荒野模式、欧洲模式、澳大利亚模式、英国模式等具有代表性的国家公园发展模式（Wescott，1991；Barkeretal，2008）。

随着国家公园体制的不断完善，国家公园管理的重心也在转移，并结合当地的政治、经济、文化和社会环境做了较大改动（Rollins，Robinson，2002）。在很多发展中国家，国家公园的设立不仅是为了保护环境和提供游憩活动，更重要的是要推动乡村地区的发展（Novelli，Scarth，2007）。同时，在很多国家，国家公园也是一种民族精神的象征（Frost，Hall，2009）。

对于国家公园的管治研究，比较有代表性的是 Eagles（2009）总结出的全球 8 种管治模式，包括公共与非营利结合的模式、非营利模式、传统国家公园模式、半国营模式、生态旅馆模式、公共营利模式、原住民与政府共建模式以及传统社区模式。

同时，国家公园的日常运营管理也是研究的重要内容。自国家公园建立以来，各国根据各自国情探索出一套适用于自身发展的管理体系（表4-1），包括美国（Lawson et al.，2003）、日本（Hiwasaki，2005）、荷兰（Beunen et al.，2008）、丹麦（Lund et al.，2009）、墨西哥（Stamieszkinetal，2009）、南威尔士（Wilson et al.，2009）、斐济（Farrelly，2011）及南非（Zhou et al.，2011）等。

表 4-1　部分国家和地区国家公园管理经验

| 区域 | 管理经验 |
| --- | --- |
| 丹麦 | 聘请专家成立咨询小组 |
| 乌干达 | 收益共享、协同资源管理协议（CRMAs） |

续表

| 区域 | 管理经验 |
|------|---------|
| 南威尔士 | 公私合作模式（PPP） |
| 斐济 | 社区参与生态旅游发展；民主治理 |
| 南非 | 土地改革；制定旅游发展政策、水供应政策、大象管理制度 |
| 美国 | 支持基础生态研究、可接受改变极限（LAC）、游客体验与资源保护（VERP）；长期环境监测；制定国家公园温室气体排放清单；适应性管理 |
| 荷兰 | 门户社区管理 |
| 墨西哥 | 严格的公园生态系统监测；加强利益相关者之间的交流；环境宣传和教育；公园组织结构调整、优化资金来源；债务—自然资源转换 |
| 日本 | 公园管理采用自下而上的决策方法；建立覆盖政府边界和涉及当地社区的公园管理系统 |
| 加拿大 | 分区管理 |

资料来源：肖练练，钟林生，周睿，虞虎 . 近30年来国外国家公园研究进展与启示 [J]. 地理科学进展，2017，36（2）：P244~255.

另外，有相当一部分学者认为，在国家公园管理中，适应性管理是国家公园成功实践的重要因素，其在国家公园管理机构的不同水平和范围内对协调个人和集体间的活动起到不同作用（Clarketal，2011）。

## 五、解说教育与旅游服务

人类的好奇心使得国家公园在经营游憩活动方面有很大潜力（Obua，1997），第四届世界国家公园和保护区大会接受并认可旅游作为国家公园的一种使用价值（Papageorgiou 和 Brotherton，1999）。

设立国家公园的目的，从早期的保存、保护到现在的集生态保育、科研、游憩、教育、社区发展等为一体的综合管理，体现了公园管理哲学的综合性（Boyd，2000）。

随着国家公园游憩、教育等功能的扩展，诸如解说系统、旅游设施等要素也纷纷出现在国家公园。这一领域的研究也得到延伸，如 Hwang 等（2005）对解说系统的内容及配置地点做了详细的探讨[①]，Beunen 等（2008）就国家公园入口服务设施的设置进行了研究[②]，George（2009）则较多地关注国家公园内安保人员配置的问题[③]。

但是，过度的旅游往往会带来环境退化的问题，不仅会降低开发的潜力，也会预支掉代际消费（Obua，1997）。为了实现游憩和生态保护的平衡，国家公园管理者应采取包括门票价格调节、限制使用、环境教育、场地管理等各种措施最大限度地降低游客行为的负面影响（Schwartz et al.，2006；Suckall et al.，2009）。

许多国家都制定了差异化的游客管理框架，较著名的有美国林务局（USFS）曾使用的游憩机会谱（ROS）、可接受的改变极限框架（LAC），美国国家公园管理局（NPS）的游客影响管理模型（VIMM），加拿大国家公园管理局（PCA）的游客行为管理过程（VAMP）等。此外，许多学者都将国家公园门票价格的制定作为控制游客行为的有效途径（Dustin & More，2000；Steiner & Bristow，2000；Schwartz，2006）。

在操作层面上，应适当增加通向未开发区域的步道，以减少高游客密度区域的压力，并应向游客提供环境保护教育和信息服务，增加一些基础设施和安保人员（Papageorgiou 和 Brotherton，1999）。同时，环境价值的使用不能快于开发，这样才能实现可持续的生态旅游（Obua，1997）。

① Hwang S. N，Lee C，Chen H. J. The relationship among tourists' involvement，place attachment and interpretation satisfaction in Taiwan's national parks[J]. Tourism Management，2005，26（2）：143–156.

② Beunen R，Regnerus H. D，Jaarsma C. F. Gateways as a means of visitor management in national parks and protected areas[J]. Tourism Management，2008（29）：138–145.

③ George R. Visitor perceptions of crime-safety and attitudes towards risk：The case of Table Mountain National Park，Cape Town[J]. Tourism Management，2010，31（6）：806–815.

## 六、社区参与和利益相关者研究

社区（community）这一概念最早是由德国社会学家 Tennies 在 1887 年提出的：

"Community refers to a group of people that have a place，a social system，a shared sense of identity，similar interests，shared locality，and some degree of local autonomy"（意旨"有共同地域基础、共同利益和归属感的社会群体"）。

社区的本质是社会关系与地理空间的有机结合，包含了居民在内的众多因素。本研究中提到的社区，地域性意涵浓烈，指长期或相对长期生活在国家公园内部以及毗邻区域的拥有共同价值体系、具有共同文化特征的群体[①]，即当地居民。

在国家公园建设的不同阶段，所面临的社区冲突是不同的，社区冲突带来的社会问题会伴随建设进程而不断演化[②]。从时间纵向看，国家公园社区冲突的相关研究聚焦在国家公园建成后，随着公园发展而逐渐显现出来，而在国家公园设立初期可能已埋下诱因，却鲜有关注。

在"孤岛式"理念指导下，国家公园的建立往往伴随着社区参与角色的缺失或社区居民的转移。从现有研究来看，社区参与角色的缺失导致希腊某国家公园在建立 24 年后产生了矛盾和冲突（Trakolis，2001）。居民转移将导致他们承担失去土地、失去工作、无家可归、被社会边缘化、食品不安全、患病率和死亡率增加、丧失一些基本权利等一系列风险，而这将导致公园内外森林生态系统的贬值（Cernea 和 Soltau，2006），这使得以牺牲社区居民生存权来保持生物多样性的国家公园建立策略失去了公信力。

---

① Lai P，Hsu Y，Nepal S K. Representing the landscape of Yushan national park［J］. Annals of Tourism Research，2013，43（3）：37–57.

② 马克禄，葛绪锋，黄鹰西. 香格里拉旅游开发引发的藏族社区冲突及旅游补偿调控机制研究［J］. 北京第二外国语学院学报，2013，（11）：48–52.

只有国家公园规划中的管理计划允许社区参与，国家公园的可持续保护才会实现（Adeniyi，2000；Mbile，2005）。自 19 世纪美国国家公园起源以来，国家公园旅游管理就以协调相互冲突的社会、经济和环境利益为重点[①]。如 Teri 等（2007）通过分析社区居民对 Royal Bardia National Park 的认知理解、公园管理与社区居民对政府的态度之间的关系、社区居民对非政府组织的认知理解，最后得出 3 个对于改善 Royal Bardia National Park 的 park—people 关系有着重要意义的结论。

所以在规划时，应通过立法手段确定国家公园建立的目的之一就是提高本地居民的经济收入，并在决策中引入协商机制（Trakolis，2001）。在实际操作中，可仿效南非的做法，通过政府终止这种居民迁移的方式，在保护生物多样性的同时保护本地居民的生计（Cernea 和 Soltau，2006）。

国家公园除了应关注社区的诉求，也应注重协调与其他利益相关者如游客、政府机关、有关科研机构、特许经营组织等的关系。国外研究者对这些利益相关者的感知、行为及相互之间的协调、互动及影响等内容都展开了分析。以游客为例，游客在国家公园内的各类游憩行为不可避免地会对生态环境造成冲击。游客对自然的感知和态度是影响其行为的重要因素。此外，游客行为还受年龄、职业、交通工具、公园设施和可进入性、信息技术等的影响（Pergamsetal，2006；Slocumetal，2016）。

不同的利益相关者对国家公园发展模式的选择以及关注点也大相径庭。例如，国际保护组织往往更关注生物多样性的扩展价值和碳储存价值而不是本地旅游收益；政府环境部门关注于总体的成本和收益；公园管理者只负责管理工作而不关注谁应承担成本或谁从森林保护中获益；本地的社区最关注的则是本地收益问题（Albers 和 Robinson，2007）。

---

① Mitchell R，Wooliscroft B，Higham J E S. Applying sustainability in national park management: Balancing public and private interests using a sustainable market orientation model ［J］． Journal of Sustainable Tourism，2013，21（5）：695-715.

即使同样是公园管理者，其诉求也会有差异："关注风景型"公园管理者侧重环境保护和农业发展，"关注保护型"公园管理者侧重环境保护和植被恢复，如果公园管理者是本地居民，他们则会将更多区域用作农业生产，可能会影响核心保护区域的价值（Albers 和 Robinson，2007）。

众多利益相关者如果不能建立互信与协作的关系，本地居民、游客与公园管理人员对环境保护、旅游开发、社区发展等方面无法形成共识，国家公园是不可能合理地进行自然保护和开发的（Cihar 和 Stankova，2006）。

因此，需要促进利益、机会的共享和信息互通，避免相互之间的恶意利用，以此来建立互信和协作的利益相关者关系（Saxena，2005）。

# 第二节　国内主要研究内容

国内对国家公园的研究主要分为国家公园概念、意义及理论借鉴（包括国家公园的概念与特征、国家公园的意义与功能、国家公园的相关理论梳理），国外经验借鉴与比较（包括生态与资源保护、管理模式与运营管理、规划建设与旅游开发、社区参与和可持续发展），我国国家公园的建设构想（包括相关法律体系建设、建设标准及评价体系、组织建设及制度框架、生态保护与资源分析、解说教育与旅游开发）和试点地区的案例研究四方面。

以下便从这四个方面展开分析。

## 一、国家公园概念、意义及理论借鉴

### 1. 国家公园的概念与特征

对于"国家公园"的概念，公众普遍认为其最早由艺术家乔治·卡特琳在 1832 年提出。世界自然保护联盟（IUCN）对"国家公园"的定义是目前国际上比较主流的定义，国家公园是 IUCN 保护地管理六大类型中面积最大的一类，其定义为：保护大尺度生态过程及其典型物种、生态系统的大型自然或近自然区域，同时在环境和文化方面具有精神、科学、教育、游憩和游客体验兼容性的区域。

目前我国对国家公园的概念并没有明确的定义。现有研究中大部分学者对国家公园的概念基本都引用 IUCN 的定义。一些学者认为中国的保护地形式与国际通行的保护体系并不存在对应关系，指出我国目前还没有真正意义上的国家公园（王献溥，2003；王智，2004；陈勇，2006）。

一些学者对我国现有的自然保护地概念与国家公园概念进行了区分，并在此基础上指出我国风景名胜区最接近 IUCN 所界定的国家公园类型，但风景名胜区并不等同于国家公园[①]。

国家公园建设和管理涉及诸多利益相关者，单凭个人和组织难以协调，只靠市场势必商业性太强，只有中央政府才能整合全国力量并均衡各方利益[②]。国家公园是国家的公园，它是将公园的事权上升到国家层面，成为中央政府的事权，实施中央集权、垂直管理，进而实现"以国家之名、依国家之力、行国家之事"。

对于国家公园的特征，万本太（2008）从范围面积上、分区管理上、资源景观上、管理体制上、资金投入上、经营管理上和生态旅游上等方面进行了具体的阐述和研究。

国家公园的突出特点是"国家性"和"公众性"的高度结合，"国家性"是国家公园的基石，"公众性"则是国家公园的宗旨（李鹏，2015），公益性、国家主导性和科学性这三大特性是国家公园的根本特性（陈耀华，2014）。

国际上的国家公园因为国情不同而有多种体制模式，但是国家公园的根本特性是共同一致、必须维护的。目前国内对国家公园的特征研究较少，相关学者见解不一，但总体上对国家公园的国家性、公众性、公益性等突出特

---

① 王蕾，范文静，刘彤.国家公园研究综述：回顾与展望［J］.中国旅游评论，2015（2）：44-58.

② 李鹏.国家公园中央治理模式的"国""民"性［J］.旅游学刊，2015，30（5）：5-7.

性的认知上，存在普遍共识。

**2. 国家公园的意义与功能**

人类从自然环境中获得的非物质的效益包括精神与宗教、游憩与娱乐、美学、激励与灵感、教育、乡土、文化继承等。通过自然环境提供这样的精神服务可以创造巨大的经济价值，在保护地开展与以上精神体验相关的人类活动可以影响整个地区的旅游收入、产业结构、消费结构和生活方式，带来巨大的社会和经济效益。建立国家公园体系是保证自然资本存量、充分发挥自然资本效力的有效手段，可以在保护自然资本的同时充分发挥自然资本的衍生价值。

国家公园是世界保护地建立的开端，是自然保护地类型中的一种，是一个国家的自然资源和与之相关的文化资源的象征和杰出代表。在中国保护地体系下探讨的国家公园应该是一种以管理目标为分类标准的保护地类型，是一种保护地的管理模式和管理体系[1]。

建设合理的保护地体系是保障自然资本的生态系统服务价值和经济价值的最有效方式，而国家公园体系更是能够充分发挥这种作用的保护实体。在满足作为自然保护地的自然生态和风景保护的主要目标基础上提供游憩服务是国家公园的主要管理目标之一，应通过法律和规范明确国家公园的生态保护和游憩功能，以此作为国家公园和其他类型自然保护地的最重要区别。

设立国家公园体系并不意味着自然和风景保护的级别降低，只是在保护地的管理目标中增加为公众提供最优的旅游、游憩服务功能，为公众提供享受自然和接受自然教育的机会。自然生态资源保护、国家形象的展示、科研及教育、游憩和游客体验等都被认为是建立国家公园的重要意义。

国家公园对于城市发展以及城市中的人的生存起到至关重要的作用，它的生态服务价值早已不是看不见摸不着的生态效用，而是实实在在的收益。

根据美国国家公园管理局提供的最新数据，2016 年美国国家公园系统共接

---

[1]　吴承照，刘广宁 . 中国建立国家公园的意义［J］. 旅游学刊，2015，30（6）：14–16.

待了 2.92 亿人次的游憩参观者，直接和间接创造了共 277 000 个工作岗位、103 亿美元的劳动收入、171 亿美元的经济附加值（游客消费对于当地经济 GDP 的贡献）和 297 亿美元的国家经济输出。其消费比例主要集中在住宿和餐饮食品上（见图 4-1）。从 2016 年的数据可以看出，国家公园消费的主要人群为公园外旅馆住宿的游客（见表 4-2）。游客通过国家公园游览观光而在国家公园影响区域范围内（国家公园边界外 60 英里，约 96.6 公里）的直接消费达到了 147 亿美元，这些消费对于国家和地区经济的发展有着巨大的推动作用。

同时国家公园还能给周边城市提供水源等资源。例如，拥有 600 万人口的巴西里约热内卢城市供水的 80% 是由周边 14 块保护地提供；在日本东京，一条由国家公园补给的河流供应城市 97% 的用水；纽约 90% 的城市用水也是由 Katskill 国家公园所保护的流域提供……[①]

国家公园所带来的直接经济价值已经显而易见，但这些经济数据的大前提是一个完善合理的国家公园管理体制，以及对自然生态和文化资源的完善保护和合理利用。

表 4-2　2016 年美国国家公园游客花费

| 游客类型 | 花费（百万美元） | 占总花费的比重（%） | 每天/晚平均花费（美元） |
| --- | --- | --- | --- |
| 当地一日游游客 | 1062.2 | 5.8 | 41.72 |
| 非本地一日游游客 | 2908.9 | 16.0 | 90.00 |
| 公园内住宿游客 | 453.6 | 2.5 | 421.28 |
| 公园内营地露营游客 | 434.3 | 2.4 | 124.86 |
| 公园外旅馆住宿游客 | 11274.7 | 62.0 | 284.44 |
| 公园外露营游客 | 1094.7 | 6.0 | 126.51 |
| 其他游客 | 953.7 | 5.2 | 42.14 |
| 合计 | 18182.1 | 100 | 136.44 |

资料来源：Catherine C.T., Christopher H., & Lynne K.2016 National Park Visitor Spending Effects: Economic Contributions to Local Communities, States, and the Nation，2018.

① 吴承照，刘广宁.中国建立国家公园的意义［J］.旅游学刊，2015，30（6）：14-16.

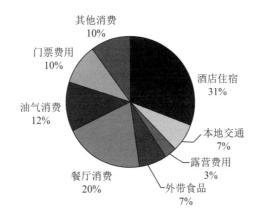

**图 4-1　国家公园游客消费类别比例（NPService，USA，2016）**

此外，杨锐也曾（2015）以"政治—经济—社会—环境"制度工具为视角，通过总结 CCC（Civilian Conservation Corps，公民保护团）的发展及其对美国国家公园的影响探讨了国家公园的社会与经济功能。

国家公园是实现游憩公民权维护、自然遗产资源全民共享、自然与生态环境保护、国民认同感培育等多重目标的场域保障，是可持续自然旅游的有效组织模式之一（张海霞，2009）。国家公园并非是几个保护地个体，而是一个完整的国家公园体系，这一体系的确立对于保护地事业、国家经济发展、历史文化传承、社会秩序稳定和国民生活健康都有着重要的价值[①]。

**3. 国家公园的相关理论梳理**

不同的学科视角在对国家公园的研究内容上存在差异，国内对国家公园的研究视角主要有社会学视角、公共经济学视角、管理学视角、地理学视角、旅游学视角等角度。

不同理论也基于不同学科对国家公园进行了探讨，如马梅（2003）运用公共经济学的理论与方法，深入剖析了我国国家公园旅游产品的价格、生产者、经济效率等方面存在的公共产品悖论。李春霞（2015）以文化人类学的态度，梳理了国家公园的知识谱系，分析"国家公园"这个由人、国家和自

---

① 吴承照，刘广宁. 中国建立国家公园的意义［J］. 旅游学刊，2015，30（6）：14-16.

然共同编制的知识体系和制度框架。

管理学的视角是较为普遍和主流的视角，这源自于我国当前国家公园体制建设尚不完整、存在多头管理、管理效率偏低等显示状况的存在。如王佳韩（2017）就应用伦理矩阵方法界定国家公园管理模式实现自然遗产地多价值管理和处理利益相关者矛盾的伦理边界，构建了国家公园多价值管理的伦理矩阵。

## 二、国外经验借鉴与比较

我国在国家公园的建设方面起步较晚且发展较为不足，与国外漫长的国家公园建设历程与完善的管理体系相比存在一定差距。很多学者认为国外（尤其是欧美发达国家）的国家公园运营管理体制无论从资源保护、社会意义还是经济价值角度看，都对中国有很强的借鉴价值（朱明，2015）。对国外进行国家公园的经验借鉴与比较是我国相关研究中起步较早的研究领域，这也是当前学术研究最为集中的领域之一。

不同国家发展国家公园的背景、条件、资源等因素千差万别，形成了不同类型的国家公园发展模式（见表 4-3）。

表 4-3　世界具有代表性的国家公园发展模式

| 国家公园发展模式 | 特征 |
| --- | --- |
| 美国荒野模式 | IUCN第Ⅱ类保护地<br>首要目标是保护和提供游憩机会<br>国有土地所有权<br>主要包括大片的原始荒野地<br>宏观的组织机构内的独立国家公园管理主体，如国家公园管理局 |
| 欧洲模式 | IUCN第Ⅱ类保护地<br>首要目标是保护<br>土地公有制和土地私有制并存<br>居住地景观和非居住地景观的混合 |

续表

| 国家公园发展模式 | 特征 |
|---|---|
| 澳大利亚模式 | IUCN 第 II 类保护地<br>国家公园定义比 IUCN 更严格，其设定的目的主要是保护<br>各州政府对其辖区内的国家公园行使保护职责，并提供财政和人力支持<br>自然保护局是自然保护机关，对外代表国家签订相关协议，对内协调各州、地区之间的自然保护合作 |
| 英国模式 | IUCN 第 V 类保护地<br>包括 2 个目标：保护自然景观以及提升游憩机会；国家公园还负有提升社会经济福利的职责<br>当目标之间发生冲突时，将依据桑福德原则进行调整<br>土地私有制<br>居住地景观为主<br>国家公园管理机构是法定的规划机构 |

资料来源：肖练练，钟林生，周睿，虞虎. 近 30 年来国外国家公园研究进展与启示［J］. 地理科学进展，2017，36（2）：P244~255.

对于国外经验的借鉴，主要研究集中在生态与自然资源保护、管理模式与运营管理、规划建设与旅游开发、社区参与和可持续发展 4 个方面；借鉴的对象主要以美国、英国、加拿大等国家公园建设较为完善的国家；在研究方法方面，主要研究方法为历史比较研究法、文献研读以及实地考察[①]。

以下便从这 4 个研究方面进行具体分析。

**1. 生态与自然资源保护**

100 多年来，国家公园制度作为一种可持续发展理念和举措，在全球得到普遍认可和推广，其核心在于拥有认识自然并合理利用自然的科学"生态观"（陈耀华，2015）。吴承照（2014）通过总结大黄石生态系统管理的经验以期为我国当前保护地管理体制改革提供借鉴。谷光灿（2013）则通过对日本国家公园的翘楚——尾濑国立公园（日本自然保护运动的发祥地以及先驱者，同时又是国际湿地条约的旅行地）利用和开发的历史回顾，考察其保护以及管理的现状，对其保护策略和管理的具体工作进行梳理，以启发我国风景名胜

---

① 熊诗琦，刘军. 中国国家公园发展研究综述［J］. 旅游纵览（下半月），2017（1）：124–125.

区的保护管理工作的发展方向。

### 2. 管理模式与运营管理

国家公园是全球自然保护的规范语言，也是中国生态文明建设的制度安排。从美国最有创意的设想变成全球的共同模式，世界各地的国家公园将"保护与利用并重"的核心理念与各国实际情况紧密结合，形成了三种较为普遍的政府治理模式：中央政府治理、中央与地方共同治理和地方治理。

从全球范围来看，以美国为代表的中央政府治理模式影响最为深远，是国家公园治理模式的原种，其他治理模式都是由此衍变转化形成的变种[①]。

美国《国家公园体系规划》[②~③]载明，"国家公园体系应该保护和展示美国最壮美的陆地景观、河流景观、海岸和海底环境，维持其生态过程及其承载的生物群落，以及最重要的国家历史地标。国家公园体系要抓住机会，弥补严重的（保护）空缺和不足，才能满足人民观赏和认识历史遗产和自然界的需求"。

在 1982 年《巴黎宣言》中有关建立监测和评估保护地管理绩效工具（MEE）的倡导下，许多国家和地区的相关机构和团体将土地所有权、社区和利益相关者参与程度、信息充分程度作为评价因子，建立了大量国家公园或保护区管理有效性的评价方法与模型（见表 4-4）。

表 4-4　世界主要保护地管理绩效评价方法

| MEE方法 | 英文缩写 | 应用机构 |
| --- | --- | --- |
| 保护地管理快速评估与设定优先法 | RAPPAM | 世界自然基金会 |
| 管理有效性跟踪工具 | METT | 世界自然基金会/世界银行 |
| 大自然保护联盟行动计划 | CAP | 美国大自然保护联盟 |

① 李鹏. 国家公园中央治理模式的"国""民"性［J］. 旅游学刊，2015，30（5）：5-7.

② Part One of the National Park System Plan：History［R］. U.S. Department of the interior，National Park Service，1972.

③ Part Two of the National Park System Plan：Natural History［R］. U.S. Department of the interior，National Park Service，1972.

| MEE方法 | 英文缩写 | 应用机构 |
|---|---|---|
| 印度保护地管理有效性评估 | EME | 印度环境部／印度野生生物学会 |
| 美国公园状态评估 | USSP | 美国国家公园保护协会 |
| 加拿大公园生态完整性监测与汇报 | MREICP | 加拿大公园管理局 |
| 芬兰管理有效性研究工具 | MESF | 芬兰国家森林管理局 |

资料来源：朱明，史春云．国家公园管理研究综述及展望［J］．北京第二外国语学院学报，2015，37（9）：24~33.

除此之外，众多学者也提出了更多值得思考的建设性观点。如赖政华（1995）认为国家公园的管理体制各国有别，但总体上可归纳为中央集权制、地方自治型和综合管理型3大类；周武忠（2014）则将国外国家公园管理实践中采纳的管理模式分为4类，即以树立国家认同为核心的中央政府管理模式、以自然游憩娱乐为驱动的协作共治共管模式、以自然保护运动为发端的属地自治管理模式和以自然生态旅游为导向的可持续发展管理模式。

**3. 规划建设与旅游开发**

人类从自然生态系统中获取能量是通过活动与设施来实现的，空间布局与设施设计的科学性直接影响到自然生态系统的稳定性以及人类活动的可持续性（吴承照，2013）。

美国国家公园的规划建设历史最为悠久，其发展经验值得我们借鉴参考。美国国家公园的规划设计均由位于科罗拉多的丹佛规划设计中心独家规划设计。丹佛规划设计中心集结了规划设计与遗产保护的各类专业人员，包括风景园林、生态、生物、地质、水文、气象等各方面的专家学者，还有经济学家、社会学家及人类学家等。美国国家公园的设计、监理均由中心全权负责，以确保规划实施的整体质量及国家公园规划设计风格的整体性、协同性（王维正，2000）。

美国国家公园规划体系包括总体管理规划、战略规划、实施规划以及年度实施规划和报告 4 个层次。规划设计在上报以前，首先向地方及州的当地居民广泛征求意见，否则参议院不予讨论。事前监督与事后执行相呼应，体现出其管理体系的周密与协调、规划设计的科学性与公开性。这些规划和程序有效保障了国家公园宏观到微观、远期与近期、战略到实施各个层面的有序发展。

美国国家公园体系规划的特点可以归纳为以下几点：

（1）美国国家公园规划体系共包括 4 个阶段，依次从大尺度的总体管理规划到更具体的战略规划，再到实施规划以及年度工作规划，构成了一个完整的体系；

（2）以法律为基础，规划体系编制的框架、内容、程序和目标等方面都以相关法律为依据和出发点，大大提高了规划的严肃性和权威性；

（3）特别强调规划编制过程中的公众参与和环境影响评价，以提高规划编制与实施的可行性和科学性；

（4）强调规划的科学决策与分析以及规划的目标制定，其贯穿了规划编制的整个过程，在科学分析的基础上，提出切合实际的发展目标，在规划中通过多种手段和方法予以实现，以促进国家公园的资源保护与发展。

美国国家公园规划体系编制与实施的科学性、前瞻性与可操作性强有力地保证了国家公园资源与环境在满足当代人合理利用的前提下，以最小的损耗留给后世永续享用[1]。

宋增明（2017）通过对美国、巴西、南非、新西兰、德国和俄罗斯 6 个具有代表性国家的国家公园体系规划进行对比，提出中国的国家公园体系规划可分为自然生态系统和历史文化遗迹两大类，并提出制定中国国家公园的宏观规划，参照国际经验建立总面积 30 万 ~80 万平方公里的国家公园较为适宜的建议。

---

① 李如生，李振鹏.美国国家公园规划体系概述［J］.风景园林，2005（2）：31-34.

### 4.社区参与和可持续发展

可持续发展是发展国家公园始终贯彻的根本理念，同时也是国家公园建设永恒的主题和发展目标。IUCN 早在 2002 年曾特别指出，西方国家公园"孤岛式"的保护发展是对自然与社会关系的曲解。

同时，世界各国的国家公园都面临着资金缺乏及管理缺失等问题，因此许多国家公园都需要协调自然保护与经济发展之间的关系（Barker 和 Stockdale，2008）。

自 20 世纪 80 年代开始，旅游投资活动开始扩展到国家公园和保护区（Erdogan 和 Tosun，2009），这在缓解经济压力的同时，也带来游憩活动与公园环境不协调、企业经营造成环境破坏等问题，对国家公园的可持续发展带来挑战[1]。

早在 2009 年，张海霞就分析了优胜美地国家公园的"自然保护运动 + 社区参与型决策 + 强势制度保障"模式和科里国家公园的"环境教育 + 生态标签地建设"模式并指出，可持续的环境伦理价值观的培育和旅游规制是可持续自然旅游发展的重要方面。程绍文（2013）以中国九寨沟和英国新森林国家公园为例，构建了由 12 个客观指标和 12 个主观指标组成的国家公园旅游可持续性评价指标体系，通过专家咨询和均方差法计算指标权值，用加权指标综合评价方法对九寨沟和英国新森林国家公园旅游可持续性进行了评价。

## 三、我国国家公园的建设构想

国家公园在全球已经发展了 140 多年，根据 IUCN（世界自然保护联盟）数据库统计，全球已建立国家公园 5219 个[2]。由于历史、国情、政治经济制度不同，各国国家公园的设立标准、功能定位、管理要求和保护开发强度存在

---

① 刘静艳，孙楠 . 国家公园研究的系统性回顾与前瞻［J］. 旅游科学，2010，24（5）：72-83.

② IUCN and UNEP-WCMC（2014）.The World Database on Protected Areas（WDPA）：April 2014. Cambridge，UK：UNEP-WCMC.

差异，但建立国家公园的根本目的都是保护生态环境、生物多样性和自然资源，维护典型和独特生态系统的完整性。

很多国家公园在实施管理过程中，都较好地处理了保护与开发之间的关系，在保护生态环境的前提下有效地推进了资源的可持续利用①。如美国和德国的国家公园属于严格保护的类型，仅有很小的一部分区域可以开发利用②。日本国家公园则在保护的前提下，更多地开展观光游览和休闲③。

实践表明，在处理生态环境的保护与开发关系上，国家公园已被证明是行之有效的双赢模式④。因此，建立健全中国国家公园管理体制和一个覆盖包括国家公园在内的完整自然保护地体系是破解中国自然保护地发展和管理深层问题的关键路径⑤。

自 2013 年党的十八届三中全会提出建立"国家公园体制"的概念以来，我国国家公园的建设呼之欲出，各处试点区纷纷建立，有关学术领域也进行了密切关注，相关文献持续增加，成为国家公园研究领域的热点。

之所以受到密切关注也与实践中存在的诸多亟待解决的问题等因素有关。中国国家公园体制建设面临着诸多问题，包括国家公园的定位、理念、立法基础、管理机制、宏观规划、资金机制、自然资源权属、公众教育和社区发展等多个方面⑥~⑪。

---

① 陈耀华，黄丹，颜思琦.论国家公园的公益性，国家主导性和科学性［J］地理科学，2014，34（3）：P258~266.

② National Park Service. Management Policies 2006. Washington，D.C.：Department of the Interior，National Park Service，2006.

③ 杨锐.土地资源保护——国家公园运动的缘起与发展［J］.水土保持研究，2003（3）：145~147.

④ 杨锐.美国国家公园规划体系评述［J］.中国园林，2003（1）：44~47.

⑤ 贾丽奇，杨锐.澳大利亚世界自然遗产管理框架研究［J］.中国园林，2013（9）：20~24.

⑥ 杨锐.论中国国家公园体制建设中的九对关系［J］.中国园林，2014（8）：5~8.

⑦ 朱春全.关于建立国家公园体制的思考［J］.生物多样性，2014，22（4）：418~420.

⑧ 孟沙，鄂璠.国家公园体制改革的关键在于"体制"［J］.小康·财智，2016（9）：40~42.

⑨ 陈君帜.建立中国国家公园体制的探讨［J］.林业资源管理，2016（5）：13~19；70.

⑩ 束晨阳.论中国的国家公园与保护地体系建设问题［J］.中国园林，2016（7）：19~24.

⑪ 唐小平.中国国家公园体制及发展思路探析［J］.生物多样性，2014，22（4）：427~430.

我国学术界在国家公园的建设构想方面主要集中于相关法律体系建设、建设标准及评价体系、组织建设及制度框架、生态保护与资源分析、解说教育与旅游开发五个方面。以下便从这五个方面进行阐述。

### 1. 相关法律体系建设

由于国家公园不是一片片"孤岛"，所以国家公园的有效管理需要国家公园管理部门和其他政府部门以及利益各方的妥协和合作。在这种情况下，以法律为框架的规划，除了能保证国家公园规划的合法性，还能使国家公园管理部门能够以法律为平台，与其他部门和利益相关方进行公平有效的沟通、磋商和交流，以解决规划实施过程中可能出现的各种矛盾与问题。

根据国际经验，国家首先应制定与颁布国家公园管理办法，规定国家公园的性质与定位、管理体制、体系构成，规划建设程序、管理目标等，然后规划建设国家公园，避免各部门、各省根据自身职能和利益来规划建设国家公园，造成混乱局面（欧阳志云，2014）。

我国目前国家公园无法可依，国家公园概念界定尚处讨论阶段，多部门管理方式不利于国家公园的可持续发展。我国国家公园的法律体制尚待建立，应制定统一的"国家公园法"，并根据国外经验和我国具体国情，对公众参与制度、分区管理制度进行借鉴（戴秀丽，2015）。

创设我国的国家公园法律体制，需要解决立法缺乏整体性、立法目的不协调、法律位阶较低这三个问题。如杨果（2016）基于国外国家公园立法的成功经验以及我国云南等省市的立法探索，从立法模式、产权界定、立法原则等几方面提出促进我国国家公园法律框架完善的建议。张振威（2016）分析了中国国家公园立法展望阶段存在的立法研究薄弱问题和既有以地方为主导的立法模式的局限性，指出中国国家公园的立法必须以自然保护地立法作为先决条件，并明确后者的立法定位与立法目的，按自然保护地治理现状呈现的特征，将自然保护地政策分为空间体系政策、发展政策、管理政策三部分，并围绕上述三部分提出了若干政策及其法制化的建议。

## 2. 建设标准及评价体系

中国保护地体系庞杂、类型丰富，存在保护对象交叉、管理主体多头、功能定位不合理等诸多问题，因此理顺保护地体系是协调好保护与发展关系的重要内容。

孙鸿雁（2017）基于国家公园在保护体系中的功能定位及构建原则，提出我国国家公园技术标准体系的纵向和横向两种结构，并对标准体系的推行提出了对策措施，为我国国家公园标准体系的构建提供参考。周睿等（2016）基于国家公园内涵与功能定位的梳理，认为 IUCN 保护地体系中的 II 类国家公园是对全球国家公园较为完整和准确的概括，并建议将 IUCN 界定的国家公园入选条件归纳为面积适宜性、资源代表性、人类影响度和功能全面性，以此作为构建中国国家公园的基本标准。他以中国自然保护区为例，逐条按照构建标准筛选出了 55 处面积不小于 1 000 公顷的国家级自然保护区作为中国国家公园备选单位。

唐芳林等（2010）通过查阅大量文献及德尔菲法（Delphi），确定了与国家公园效果相关的 28 个评价指标，同时以功能为主导，将评价指标归纳为 5 个功能指标群：保护功能指标群（7 个评价指标）、科研功能指标群（6 个评价指标）、游憩功能指标群（7 个评价指标）、教育功能指标群（4 个评价指标）和经济发展功能指标群（4 个评价指标），建议通过对评价指标的赋分（5 分制原则）和计算权重达到国家公园效果评价的量化，实现对国家公园建设效果的评价。

## 3. 组织建设及制度框架

随着旅游者对旅游环境品质要求的提升，未来我国国家公园总体规划的关注重点必然会由"怎么建"转变为"如何管"，如何有效管理和维护公园内的资源、如何提高公园的服务品质将受到更多重视。由于这一部分是学者讨论的热点，因此以下便用较多篇幅着重介绍。

我国各类自然保护地的建设和管理经历了一个从无到有的发展过程。由于在起始阶段没有在全国层面进行顶层设计，导致各类自然保护地由各自管理部门制定规划与指导发展，各类自然保护地过于强调对自然资源要素的管理，分类标准不科学、不合理，忽视了管理需求和功能定位，与维护生态安全和保护生物多样性的需求不适应，造成了自然保护地种类繁多、数量较大的问题，彼此之间缺乏有机联系，不成体系，交叉重叠现象严重。

另外，除了我国自然保护地管理主体多元化的特征，不同管理部门也均有各自的管理规章和要求，制定背景、主导思想和侧重点各不相同，在保护理念、投入机制、经费使用和经营权等方面标准各异[①]。

自然界的森林、草原、湿地、野生动植物和自然遗迹等生态环境要素交错存在、相互联系，共同构成区域生态系统的有机复合体。各类自然保护地若按照森林、草原、湿地和自然遗迹等不同生态要素由不同的管理部门根据各自权限设立会人为割裂生态系统的完整性，且各部门在某一区域通常只管理本部门负责的单个生态要素，难以对其他生态要素进行有效管护。

同时，我国不同类型自然保护地之间交叉重叠现象较为严重，不同部门在同一区域建立多个不同类型的自然保护地（见图4-2）。据初步统计，国家森林公园与国家级风景名胜区存在45处空间重叠，国家级自然保护区与国家级风景名胜区有25处空间交叉或重叠。

交叉重叠引起了管理权属争议，造成重复设置、重复建设、重复投资、效能低下、权责不清等问题，增加了管理成本，不符合行政管理统一、精简、高效的基本原则，浪费了行政资源。而且同一区域的重复管理，使得难以界定管理部门的各自责任，对破坏自然保护地的行为和责任人员难以进行追究惩处，也降低了执法的权威性和有效性。

总之，各类自然保护地的设立，在建设和管理方面割裂了区域生态系统的完整性，这种管理体制没有体现生态系统管理思想，不符合自然规律，也难以正确处理开发和保护的关系。

---

① 钟林生，邓羽，陈田，田长栋. 新地域空间——国家公园体制构建方案讨论［J］. 中国科学院院刊，2016，31（1）：126~133.

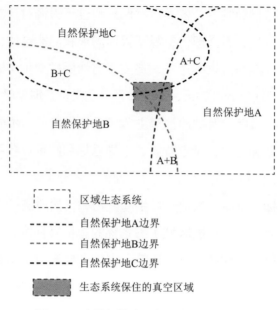

区域生态系统

------- 自然保护地A边界

------- 自然保护地B边界

------- 自然保护地C边界

生态系统保住的真空区域

**图4-2 自然保护地生态系统切割示意图**

资料来源：钟林生，邓羽，陈田，田长栋.新地域空间——国家公园体制构建方案讨论［J］.中国科学院院刊，2016，31（1）：126~133.

当前对这一方向的有关分析探讨，学术界的研究可谓百花齐放、百家争鸣，有学者着重分析国家公园管理机构建设的制度逻辑；有学者提出建设中国特色的国家公园体制；有学者关注国家公园体制建设的路径分析；也有学者注重分析国家公园体制建设中的旅游公共管理问题。

不仅研究的具体内容不同，所依据的理论和视角也千差万别，如黄向从管治理论的视角分析中央垂直型国家公园 PAC 模式，李晓琴从利益相关者理论分析国家公园的管理体制，郝志刚基于国家遗产区域理念分析我国国家公园体系的建设。

在管理模式方面，世界各地的国家公园将"保护与利用并重"的核心理念与各国实际情况紧密结合，形成了三种较为普遍的政府治理模式：中央政府治理、中央与地方共同治理和地方治理。

很多学者建议采用美国垂直管理模式即中央政府治理方式，提倡类似美国国家公园管理局的部门直接管辖。

美国国家公园管理局的最高宗旨是切实保护好国家公园的自然景观资源和人文景观资源，把国家公园当作大自然博物馆。因此，在管理上要求层次很高。公园的管理人员都由总局直接任命、统一调配。国家公园的经费来源于国家拨款，并严格限制门票等费用的征收，绝对不允许国家公园管理局下达经济创收指标，杜绝公园为谋取收入乱搞开发项目[①]。

钟林生（2016）通过对国家公园体制意义存在问题等的深入分析，构想了国家公园体制的顶层设计，包括国家公园体制的构建目标（提高自然生态保护效率，完善生态保护监管体制，实现自然资产统一管理）、国际公园管理体制、国家公园运营机制（规定规范制度，科学规划建设，创新运营模式，协调各方利益，鼓励公众参与，加强监督管理）和推进国家公园体制的实施步骤（顶层设计、试点探索、整合优化、完善体制、理顺关系、全面建设）四个方面。

此外，也有一些学者认为可继续局部试点，通过建立新的立法和体制多方面来保障其健康发展，还有一些学者认为应该暂缓或停止试点，重新从国家层面进行顶层设计后再规划发展[②]。

国家公园的资金渠道与管理问题是另一值得关注的问题，也是最难达成一致意见的问题。"触动利益比触及灵魂还难。但是，再深的水我们也得蹚。"在这种观念下，黄林沐（2015）和张阳志（2015）所提建议值得借鉴，建议如下：

（1）国家公园立法过程中，充分考虑跨部门的沟通协调、多层面的公众参与，进一步弱化部门权益、争取更多利益相关方支持。

（2）放宽视野，理性看待国家公园门票收入"收支两条线"；本着调动积极因素、释放创新活力的考量，对"收支两条线"进行灵活处置。

一是"收支两条线"的规定，是手段而不是目的。国家公园门票收入是

---

① 李如生.美国国家公园与中国风景名胜区比较研究［D］.北京：北京林业大学，2005.
② 熊诗琦，刘军.中国国家公园发展研究综述［J］.旅游纵览（下半月），2017（1）：124~125.

国有资产，从国家公园管理机构"是管家（steward）而不是主人（owner）"的通用原则出发，应当建立严格的财务监管体系、透明的信息公开机制，确保"取之于游客用之于游客以及反馈社会"。

同时，应当认识到：国家公园建设与发展中，应建立激励机制。国家公园品牌建设涉及媒体宣传、对话会议、员工培训、院校合作等系列投入，而这些举措恰恰能更加"亮丽"品牌。

二是建立中国特色国家公园体制，要利用好后发优势。北美的国家公园在财政拨款与门票收入管理方面，不断地进行变革的探索。比如黄石国家公园门票收入在统一管理、决策透明的前提下，提留50%~80%；班夫公园近年来财政拨款由80%调整为50%，因为其门票不能随意涨价，促使其通过发挥积极性、能动性来吸引更多来访者、招募更多志愿者。

（3）采取"分类管理"的办法，区分对待不同国家公园。

国际上，各国国家公园资金来源渠道大致是"四点"：国家财政下拨一点、门票收入补贴一点、特许经营上缴一点、公益基金捐赠一点。就中国目前的实际情况来看，地域辽阔、资源类型多样、历史悠久、民族文化多元等因素决定了国家公园群体较大，国家财政拿不出那么大的"蛋糕"来共享；各国家公园的知名度与品牌影响力不一样，导致了接待人数与门票收入差距，也影响着目前发育并不完善的各类公益基金对各国家公园的捐赠比例；区域发展水平不平衡，在基础设施的投入要求、特许经营的社区反馈等方面都不一样[1]。

这些对于国家公园管理体制构建的思考，通过借鉴国际上国家公园建设管理的先进理念，对构建统一、规范、高效的中国特色国家公园体制，提高自然生态保护效率、完善自然生态保护监管体系、实现自然资产统一管理，以及完善生态文明制度等内容做出了不同程度的理论贡献。

鉴于我国国家公园体制建设尚处于区域试点的初步阶段，多样化的研究

---

① 黄林沐，张阳志.国家公园试点应解决的关键问题［J］.旅游学刊，2015，30（6）：1~3.

视角和学术声音有利于为实践的展开提供理论土壤，但同时也希望各方能加强合作交流，早日达成共识，更多地服务于国家公园建设的实践。

**4. 生态保护与资源分析**

当前，我国社会经济的快速发展已经对生物多样性构成了严重威胁，生态系统遭到破坏和退化，资源的保护与利用存在严重矛盾。同时，现有自然保护地存在诸如保护地边界范围交叉重叠、自然生态区域被部门因素割裂等问题，导致我国自然保护地存在保护与发展不协调的矛盾。

在当前国家公园体制建设背景下，赵智聪（2016）通过分析中国自然保护地相关法定文件中对保护对象、资源品质和利用强度等方面的规定和问题，提出我国自然保护地体系的重构设想，具有一定代表性和切实的实践价值，具体内容如下：

增加国家公园类型，保持原有类型，同时重新评估和调整现有各类型自然保护地的保护对象、资源品质和利用强度；

在保护对象与资源品质方面，自然保护区和国家公园应共同代表我国不同类型的生态系统；

国家公园与风景名胜区共同代表我国"最美"的自然山水；

国家公园是综合价值最高的自然保护地类型，其他类型的自然保护地以保护单一价值为主要目标。

在利用强度上，自然保护区和国家公园应具有最严格保护的、禁止人类活动的区域。同时，对各类自然保护地在利用强度方面的分区控制提出相对统一的标准。

**5. 解说教育与旅游开发**

我们对待自然空间有两种模式：保护区模式和旅游地模式。这两种模式代表了我们对待自然空间的两种截然相反的方式。国家公园既不是传统保护区模式的重复，也不是旅游地模式的扩张，而是一种全新的自然空间体系，国家公园试图协调人类游憩利用与自然保护之间的平衡，以达到国家公园的自然空间正义和空间生态文明（冯艳滨，2017）。

世界自然保护联盟（IUCN）对国家公园的定义就包括国家公园要提供在环境上和文化上相容的精神的、科学的、教育的、娱乐的和游览的机会。解说与教育服务是国家公园与游客之间的重要联系方式，其带给游客的绝不仅仅是形式和内容，它会促动某种情感在游客内心深处的升华，从而实现精神层面的提升。

当游客感动于国家公园里荒野的旷美时，同时记下了奇特地质地貌的成因与特征；当游客观赏野生动植物的神秘世界时，同时记下了生物生命科学并提醒自己地球属于人类和它们共有；当游客了解人文历史事件的来龙去脉时，同时铭记历史、尊重历史和客观看世界。这些都是国家公园文化功能的有效发挥和体现。

旅游是国家公园文化功能的另一重要组成部分，但当前我国过度追逐经济效益的景区旅游现状产生了一系列问题。现有国家公园国字号招牌、景区化建设的局面亟待破除，我国国家公园体制建设被寄予了划时代意义的期盼。

旅游公共管理是促进国家公园的"公"与"园"特色落实的基础，旅游公共管理有关各方应积极融入国家公园体制建设，发挥旅游公共管理组织在国家公园建设中的市场推介、旅游规划、旅游质量控制、紧急救援、安全预警、旅游企业创新促进等方面的管理职能（于海波，2016）。如郑燕（2011）以我国西部为例，指出西部地区独特的旅游资源、特殊的政策、既有的旅游业发展基础等为国家公园建设提供了有利条件，但也面临着部门利益、既得利益、政策法规、资金、技术与人才等方面因素的挑战。她在对国家公园与生态旅游关系认知的基础上，分析西部地区建设国家公园的必要性、可行性、限制因素，并提出对策措施以期促进西部地区国家公园的健康、持续发展。

## 四、试点地区的案例研究

虞虎（2017）借鉴发达国家发展经验，归纳了国家公园的功能分区方案，并对浙江钱江源国家公园体制试点区的功能分区进行了研究。杨子江（2016）以梅里雪山国家公园为研究对象，综合运用文献分析、实地问卷调查、德尔菲和层次分析等方法定量构建了公园分区管理有效性评价指标体系，设计了各个分区管理成效评价公式，并最终计算得出各分区管理成效的得分，根据各分区得分及管理中存在的问题提出有针对性的分区管理建议。

刘静佳（2017）依据可持续发展理论，对国家公园的五维功能体系（即保护、游憩、科研、环境教育、社区发展）进行了深入分析，在结合中国大陆第一个国家公园——云南香格里拉市普达措国家公园实践经验的基础上，对国家公园的生态保护、游憩、社会和经济的多维价值的实现进行了有效探索，为国家公园多维价值体系研究提供借鉴和参考。田美玲等（2017）将中国国家公园的准入标准概括为面积、资源级别、人类足迹指数和功能全面性4方面，并据此建立指标体系，采用层次分析法确定各个层次指标的权重，然后运用模糊数学法对9个国家公园体制试点区进行综合评价，综合得分由高到低依次为青海三江源、黑龙江汤旺河、吉林长白山、湖北神农架、云南普达措、湖南南山、福建武夷山、浙江钱江源和北京八达岭国家公园。

# 第三节　研究评述

国家公园不仅承担着自然生态环境保护的基本功能，也发挥着自然保护思想培育、科学研究、环境教育、自然游憩等多种作用，目前已成为世界上使用最广泛的保护地模式[①]。由于我国长时间以来并未建立国家公园这类保护地形式，相关研究和实践工作较国外落后，因此国内研究文献的关注焦点与国外文献有所不同。基于研究基础和研究阶段的不同，国内外的研究方向及

---

① 朱明，史春云.国家公园管理研究综述及展望［J］.北京第二外国语学院学报，2015，37（9）：24~33.

研究成果也存在差异。

国外关于国家公园的研究已有上百年的历史，在长期的实践经验总结和不断的理论创新的基础上形成较为成熟的理论体系。相关研究涉及多个专业领域，研究内容呈现多元化特点，集中在国家公园的运营管理与利益相关者、国家公园生态保护与可持续发展等方面。无论是在研究细分上还是跨专业研究合作上，都有很多丰硕成果。在研究类型及方法上，外文文献中通常采用定性定量相结合的方法进行实证研究，整体呈现出理论性和细分化的趋势。

国内关于国家公园的研究主要是在近几年政策、生态、经济等相关因素综合推动下逐渐发展起来的，研究工作以国外经验介绍比较、借鉴以及有关概念性探讨等定性研究居多，多应用性案例分析和重复性研究，整体呈现应用型和概括性的状态。相关理论研究主要是为指导于当前尚待起步又亟待改进的实践，注重对国家公园的体制建设的探索和对国外相关经验的借鉴与比较，以期为尚未成型的国家公园体系提出有益思考。在现有的成功案例介绍性文献中，对欧美发达国家的阐述较多。

近年，国内研究视角转向对我国国家公园体制建设的可行性探索，研究内容为国家公园的政策与法制体系、我国国家公园的建设标准与可行性研究以及我国国家公园的生态保护与旅游开发研究[①]。其研究重点多集中于国家公园体系的资源环境分析、可持续发展的利益相关者等方面。

目前国内对国家公园的理论性创新探索和批判思考较少；定性化描述分析为主，定量化方法应用薄弱；单学科分散性局部研究较多、多学科融合性系统研究薄弱，科学问题的凝练和深度探究、研究方法集成和创新应用、学科间的交叉和系统融合仍需加强，仍需对国家公园体制改革背景下的国家公园发展进行反思，通过深化理论研究和强化实践应用，指导国家公园的探索逐渐步入正轨。

---

① 王蕾，范文静，刘彤.国家公园研究综述：回顾与展望［J］.中国旅游评论，2015（2）：44~58.

　　鉴于国家公园概念的提出、发展与实践主要集中美国、英国、加拿大等发达国家，我国对这一概念的理论探讨与实践探索也不过是近 10 年间的事，国际上有关国家公园管理经验借鉴与启示的思考将仍是我国学者关注的热点。

　　作为世界上最大的发展中国家，我国在保护地管理运营方面存在着诸多问题，欧美发达国家的相关保护地管理的经验教训对我国而言有着十分重要的参考价值。如何通过分析思考国外成熟的国家公园建设及经验，并将国外的先进理念与管理方法转化为适合我国国情的国家公园运营管理方案仍是今后一段时间国内研究的重要内容。

　　总体上看，国外有关国家公园的研究具有研究对象复杂、视角多元的特征，国内研究则呈现出研究内容集中，注重借鉴与应用等特征。在新的发展背景下，有关学者需响应国家有关国家公园的改革战略和发展需求，深入探讨国家公园的重要科学问题，不断寻求理论突破和学术创新。

　　同时，基于国家公园所涉及方面广泛、影响深远等特点，研究细分与学科融合或将是未来国家公园研究的最大突破点，国家公园建设的中国化道路仍是有关研究的关键，其研究空间和前景仍十分广阔。

第三篇

他山之石之中美比较

# Part 5

# 第五章　美国国家公园管理体制概况

## 第一节　美国国家公园系统发展概况

提到美国旅游就不得不提到美国得天独厚的地理条件以及不胜枚举的国家公园。国家公园已经成为"美国之美"的一张名片，世界各地的游客慕名而来，游览黄石、大峡谷、优胜美地这样全球地标性的自然保护地。

现在，美国国家公园管理局管理着18个类型，62个国家公园，391个国家公园体系成员，12000个历史遗址和其他建筑，8500座纪念地和纪念馆，面积约20万平方公里[①]。数量上仅占国家公园系统总数的14%，但面积却占到总占地面积的60%。

美国的国家公园系统是指由美国内政部国家公园局管理的陆地或水域，包含国家公园、纪念地、历史地段、景致路、休闲地等。大大小小的国家公

---

① 王蕾，马友明. 国家公园，美国经验［J/OL］. 森林与人类，2014–08–08. http://www.forestry.gov.cn/Zhuanti/content_201408gjgyjs/698796.html

园可以从 National Park Service 的官方网站（见图 5-1）找到。可以说，不管在哪个州都能找到可以玩的国家公园。如果算上国家森林公园、州立公园和自然保护区那更是星罗棋布。

图 5-1　美国国家公园网站首页

美国是世界公认的最早以国家力量介入文化与自然遗产保护和最早建立国家公园管理体系的国家，也是文化与自然遗产保护较为成功的国家。根据美国 1970 年颁布实施的《国家公园事业许可经营租约决议法案》："国家公园体系是不管现在还是未来，由内政部长通过国家公园管理局管理的以建设公园、文物古迹、历史地、观光大道、游憩区等为目的的所有陆地和水域。"美国国家公园体系目前是全球规模最大、制度最先建立、最完善的国家公园体系。

美国国家公园的建设成果丰硕，这也是由其悠久的历史和不懈的实践决定的。"国家公园"的理念由美国艺术家乔治·卡特林（George Catlin）提出的[①]。1832 年，卡特林到美国西部的大平原旅行，他发现印第安文明、野生环境以及西部大开发荒野定居点的破坏比较严重。于是，他写到"政府应该出台一些伟大的保护政策……建设一个伟大的公园……一个国家的公园，在公园里人与动物和谐共生，所有野生物、新生物都能尽情绽放自然之美"。

但是，卡特林的理念并没有立刻被政府认可。政府最早实施的保护措施是预留出一些保护的土地。

1832 年，阿肯色州的温泉被预留出来，作为联邦保护地来保护 47 处温泉。1870 年，该地区被国会作为温泉保护区保护起来。1864 年，亚伯拉罕·林肯总统签署了一项国会法案，把约塞米蒂山谷和蝴蝶百合片巨杉划拨到加利福尼亚州作为州立公园，专门予以保护，同时予以公共使用。

1872 年建立的黄石国家公园是美国的第一个国家公园，也是世界上最早建立的国家公园。1873 年 3 月 1 日颁布的黄石国家公园法，是美国国会同意在蒙大拿州和怀俄明州建立黄石国家公园的标志，作为一个"为了民众的福祉和享受而建立的公共公园和娱乐区"，黄石国家公园引发了一场世界范围内的国家公园运动。

---

① 李经龙，张小林，郑淑婧.中国国家公园的旅游发展［J］.地理与地理信息科学，2007，23（2）：109~112.

在黄石公园成立的随后几年里，美国国会又授权成立了一些国家公园和纪念地，这些保护地大多位于西部，属内政部管辖。当时，美国还没有对各种公园保护地单元进行统一管理，美国战争部和农业部森林局还管辖有一些自然和历史的保护地。

1916 年 8 月 25 日，威尔逊总统签署了国家公园管理局成立案，国家公园管理局就此诞生，当时管理的国家公园和纪念地共为 35 个。"1933 年执行令"将原来森林局和战争部管辖的 56 个国家纪念地和战争地划归国家公园管理局管理，这对后来美国国家公园系统的形成意义深远。

1970 年美国国会通过的"一般授权法"为国家公园系统的存在确定了法律依据："发端于 1872 年的国家公园系统已经发展成一个包括优质自然、历史和游憩区域的保护网络，本法目的即为促成所有这些区域成为一个系统整体"。

平均每两年美国国会会议就会成立 4~5 个新的公园地区。这些保护单位集中了美国大部分最为壮丽的景观，最有价值的历史和考古遗迹以及最优秀的文化资源。

在经历了 130 多年发展后的今天，美国国家公园体系发展成为一个包括近 400 个公园地区（或单元，Units），广泛分布在 49 个州、美国哥伦比亚特区、美属萨摩亚、关岛、美属波多黎各、塞班岛和美属维尔京群岛，覆盖 8400 多万英亩的庞大的自然资源保护系统，所囊括的资源类型从自然景观（如阿拉斯加冰河湾国家公园的冰山、缅因州阿卡迪亚国家公园的山脉和湖泊、夏威夷火山国家公园的火山等）到人文景观（如奇卡莫嘎—卡塔努嘎国家战争公园、纽约中心公园，自由女神像等），具体包括国家公园、纪念碑、战场、历史遗迹、湖滨、纪念公园、休闲娱乐地区、河流和步道等 20 多项资源类别分类（见表 5-1）。

表 5-1　美国国家公园类型及数量

| 类型 | Categories | 数量 |
| --- | --- | --- |
| 国家战地 | National Battlefield | 11 |
| 国家战争公园 | National Battlefield Park | 3 |
| 国家军事公园 | National Military Park | 9 |
| 国家战争地 | National Battlefield Site | 1 |
| 国家历史公园 | National Historical Park | 42 |
| 国家历史地 | National Historic Site | 79 |
| 国际历史地 | International Historic Site | - |
| 国家湖滨 | National Lakeshore | 4 |
| 国家纪念碑 | National Memorial | 28 |
| 国家纪念地 | National Monument | 74 |
| 国家公园 | National Park | 58 |
| 国家公园风景廊道 | National Parkway | 4 |
| 国家保护地 | National Preserve | 18 |
| 国家自然保护区 | National Reserve | 2 |
| 休闲娱乐地区 | National Recreation Area | 18 |
| 国家河流 | National River | 5 |
| 自然风景河流及航道 | National Wild and Scenic River and Riverway | 10 |
| 国家风景步道 | National Scenic Trail | 3 |
| 国家海滨 | National Seashore | 10 |
| 其他 | Other Designations | 11 |
| 总计 | — | 390 |

# 第二节　美国国家公园系统管理体制概况

## 一、美国国家公园管理立法

立法贯穿着美国国家公园管理体制的始终，是其存在的基础与核心，立法从三个层次上为国家公园系统提供了支持（见图 5-2）。

首先，主干立法对国家公园土地及管理权的归属做了明确规定（国家公园组织法）；

其次，立法对国家公园系统的地位做了明确规定（一般授权法）；

再次，除部分在 1906 年古迹法授权范围内，由总统在联邦司法权范围内直接批准成立的国家纪念地之外，国家公园系统内绝大多数保护单元的成立都有专项立法支持（成立新的国家公园必须通过国会立法）。

此外，一些分支立法（非直接针对国家公园的立法）对国家公园的管理和保护也发挥着重要的支持作用，如《环境政策法》《博物馆法》等。

## 二、美国国家公园管理组织形式

### 1. 管理组织形式

美国国家公园的管理实行垂直管理制度，国家公园系统归内政部管辖，隶属于内政部的国家公园管理局负责国家公园直接管理，代表国家管理国家公园系统的行政、规划建设、业务技术、旅游经营、人事任免等事宜。

国家公园管理局下设 1 个工作总部，7 个区域办公室以及众多的公园及支持单位（见图 5-3）。国家公园管理局工作总部设有 1 个局长办公室和 5 个局长助理办公室，总部设在华盛顿。

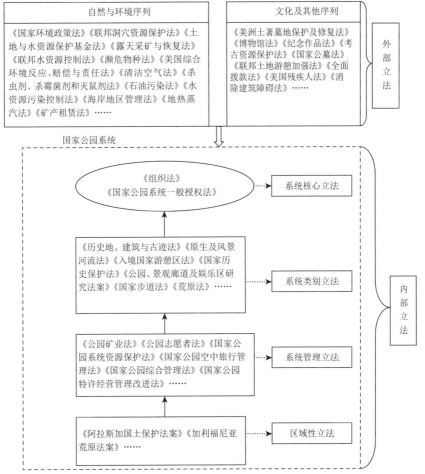

**图 5-2 美国国家公园相关立法构成示意图**

国家公园管理局工作总部的任务是领导和促进全国性的国家公园工作；确定方向并制定政策规章；指导各类项目；制定预算；提供法律支持；并对项目和活动做出解释。

国家公园管理局还附设有一个全国领导委员会，由局长、副局长、会计总管、信息总管、助理局长、区域局长、美国公园警察局局长等人共同组成。咨询委员会为国家公园管理局局长的决策提供咨询并讨论，之后管理局局长才制定总体性的立法目标和战略，从而指导全局范围内的各项目标和计划的完成。

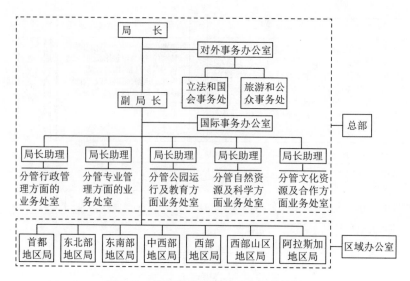

**图 5-3　美国国家公园管理组织结构图**

国家公园管理局总部还另设有一个国家项目中心，负责为各地区和公园单位提供专业和技术支持，这个项目中心服务包括 6 个分中心，分别是账务操作中心、哈普斯渡口（Harpers Ferry）中心、丹佛服务中心、全国文化资源中心、全国保护技术与培训中心、全国游憩与保护中心。

国家公园管理局下设 7 个地区管理局（见图 5-4），每一个地区管理局都由一名地区局长领导，负责制定本区域内的战略规划与方向、政策监管、促进公众参与、联系媒体、促进本区域内的公园战略和项目等事务，确保本区域的管理与国家政策的一致性，及各项管理的着重点。区域局长代表了本区域内最高管理权力。

同时，区域局长还负责本区域内公园单元负责人间的联系和协调，及本区域内的项目合作、预算制定和财政管理。

公园单位是国家公园管理局最基本的管理实体，每一个单元都设定一名负责人（或公园经理），但允许一个负责人负责多个公园单元的管理。公园单位负责人对具体管理项目目标的实现负有责任，对区域局长负责，其管理和管理的项目活动包括：解说和教育；游客服务；资源管理和保护；设施管理；

**图5-4　美国国家公园管理局地区局分布图**

其他如调配、签约、人事和财务管理等行政职能。

另外，负责人同时兼任公园管理局项目的现场代表。

**2. 管理任务**

美国国家公园管理局的任务是：为了当代和后代的娱乐、教育和灵感激励的目的完好地保护国家公园系统内的自然和文化资源及其价值，与全国乃至全球的伙伴合作共同开拓自然和文化资源保护以及户外游憩的价值。

**3. 管理原则**

围绕公园管理任务和职责范围，美国国家公园管理局制定了下列原则：

优质服务原则，尽可能地为公园游客和伙伴提供最优质的服务；

广泛合作原则，与联邦、州、部落、地方政府、私营机构和各种商业组织合作，为共同的目标努力；

公民参与原则，为公民参与国家公园管理局的决策和行动提供参与机会；

遗产教育原则，为公园来访者和民众提供有关国家公园系统历史和遗产的教育；

吸引优秀人才原则，组成一支具有多样化能力的工作队伍，保证国家公园工作的质量；

员工发展原则，给员工提供发展和培训机会，使其掌握有效和安全履行工作职责所需的工具；

综合决策原则，在决策过程中充分考虑社会、经济、环境及伦理道德因素；

效率管理原则，在管理过程中贯穿创新管理、结果管理、分级责任制管理的绩效管理理念；

研究和技术管理原则，融合研究成果和新科技成果改善工作操作、产品和服务；

能力共享原则，与公众和私人土地管理地共同分享信息和专业技能。

## 三、美国国家公园管理政策

管理政策是指确定管理框架并提供管理决策方向的指导原则或程序。美国国家公园管理政策遵从美国的宪法、公法、执行公告、命令、规定和所有更高一级的行政指令，并与之保持一致，管理政策将这些所有指导文件思想贯穿在多个与之衔接的政策方向中。

这些政策方向有的是概括性的，有的则是具体的，也有的可能会涵盖决策、措施、执行过程以及结果。美国国家公园管理计划汇总了目前国家公园管理局的主要管理政策，适用于管理局全局范围，体现了美国国家公园管理的基本管理理念：

### 1. 美国国家公园管理局是管理政策的制定者

国家公园管理局局长是全局性管理政策的唯一发布者，而地区局长和助理局长则可以发布一些与全局政策保持一致的补充政策、指示、指令和其他形式的区域性指导文件，还可以发布一些有正式代表授权范围内的与全局政策一致但具有一定适用限制的政策。

获地区局长代表正式授权的公园管理负责人可以颁布与国家公园政策保持一致的公园详细指示、程序、指令和其他补充性指导文件（如操作时间，季节性开放日期，或执行全局政策的程序）。

在国家公园管理局局长之上，国会、总统、内政部长或鱼类和野生动物公园助理部长都可能为国家公园系统制定政策。其他机构如职业安全与卫生署和环保局制定的具有全国适应性的规章政策，对国家公园管理局也同样适用。

美国国会负责为国家公园管理局制定宏观性政策。国会为美国国家公园制定和颁布了组织法，该法为国家公园系统框定了一系列的宏观性政策，这些宏观政策规定：国家公园以保护为根本宗旨，是一片保护"风景与自然和历史对象和野生生命的区域"，通过这种管理方式保护资源"可以保证后代对资源的永续利用"。

国会还针对一些具体问题为公园管理局制定了宏观性的政策，如特许经营管理、原生及风景河流保护等。国会把适用于一些国家公园的很多特殊政策包含在授权立法内，这些立法有时可能与通用立法差异很大。例如，国会对在一些国家公园系统保护地内狩猎许可的授权。

在国会宏观性政策的指导下，美国国家公园管理局制定《国家公园管理政策》。美国国会制定的宏观性立法政策通常不具体说明政策的终极目标。根据组织法，国家公园管理局获有"调解国家公园的利用"的授权，据此，其可以在国会制定的政策框架范围下，制定详细的实施政策，这些政策的汇总即为《国家公园管理政策》，专门用于指导国家公园管理者对各种问题的决策。

在《国家公园管理政策》的框架下，国家公园管理局制定指导实际操作的规章。规章通常是指执行法律和实施局长制定的政策的机制。国家公园管理局规章遵照联邦规章 36 号标准（title 36 of the Code of Federal Regulations）发布，基本上是对局长或更高一级管理者所规定的政策的详细说明，对所有使用公园的人适用。只有以"行政立法"的形式出版后的规章才有效，例如，只有规章规定不允许宠物犬随意活动的事项，管理局才有权对此类事件做出管理。一旦政策以行政立法的形式出版，就会对所有人适用。无一例外，违反政策的行为将会受到罚款或监禁。

出版政策的另一目的是向公众宣传管理局对各种项目的管理方式，如对特许经营、土地及水保护基金、历史地全国登记的管理等。

### 2. 美国国家公园管理局管理政策的级别

国家公园管理局的指令体系包含各种内部指令和指导文件，这些文件帮助国家公园管理者和员工对国家公园政策和所需和（或）推荐行动有一个清楚的认识。这些文件体现了国家公园管理局团队合作的组织价值、最高效的代表性、职员能力、责任及整体文书工作的减荷。

指令体系包括以下"三个级别"的文件。

级别1：主要是指那些为管理决策提供宏观框架、方向和尺度指导的政策。

级别2：主要是指局长令，它对国家公园管理政策的临时修改或增加做出清晰的阐释，同时也对管理政策作更为详细的解释，框列出适用于国家公园管理局功能、项目和活动的要求。局长令是局长行使特殊权力和责任的工具，其主要的针对对象是公园管理责任人。

级别3：主要是指手册、参考册和其他包含支持现场和项目操作的综合信息资料。一本典型的手册或参考册应包括相关立法、规章、管理政策、通过局长令公布的指令或要求，还应该有案例、图解、建议办法、形式等。

级别3的手册和参考册与"指南"性手册在多数时候具有很大的相似性，都是有关某一特定项目或功能的"一站式"综合信息，但是手册和参考书需要分清哪些是必须遵守的，哪些是要求遵守的，而哪些仅只是建议的，所以其汇编要求要更为仔细一些。

### 3. 管理政策制定的程序

国家公园管理政策的提出主要有两种情况：一种是为了应对突如其来的

问题而突然紧急地提出来的；另一种则是在经过了一个缓慢推进的过程后，随着管理者经验和知识增长而提出来的。

管理政策提议不仅限于国家公园管理局内部，也可以来自对公园管理感兴趣的管理局外部的个人或组织。但是，国家公园管理局政策需要经过一个协调工作小组使政策涉及各方达成共识之后才能形成，中间涉及广泛的现场调查、与全国领导委员会协商、公众调查与评价，在各种努力之后，局长签署了局长令，政策才算制定。

### 4.《国家公园管理政策》

《国家公园管理政策》是美国国家公园管理局汇总了目前在用的宏观管理政策，这些政策是对所有颁布的与国家公园有关的法律的具体解释、细节说明和贯彻，是地区各局和各保护单元的工作指导和方向。

国家公园管理局在《国家公园管理政策》的制定中遵循的原则包括：

- 必须与法律、规章和政令保持一致；
- 保护公园资源和价值不受损害；
- 当资源保护和使用发生矛盾时，保护优先；
- 坚持国家公园管理局决策及执权所负有的责任；
- 强调与当地 / 州 / 部落 / 联邦机构的合作与咨询联系；
- 支持最具现代特征的商业类型和可持续发展；
- 体现国家公园管理局目标，强调合作保护和公民参与；
- 强调国家公园管理局所负有的满足公众对公园资源的适当利用和愉悦，同时不对资源构成不可接受的影响的责任；
- 为后代完好保留自然、文化和物质资源。

《国家公园管理政策》对涉及公园管理的 10 大块内容及其管理构成项目作了总体管理要求，这 10 块内容分别是：

一般性管理规定（见表 5-2）；

国家公园系统规划（见表 5-3）；

国家公园土地管理（见表5-4）；

国家公园自然资源管理（见表5-5）；

国家公园文化资源管理（见表5-6）；

荒野保护与管理（见表5-7）；

国家公园解说与教育（见表5-8）；

国家公园使用管理（见表5-9）；

国家公园设施管理（见表5-10）；

国家公园商业游客服务管理（见表5-11）。

表5-2　一般性管理项目框列

| 一般性管理规定 | 主要内容或要求 |
|---|---|
| 1.国家公园理念及国家公园系统起源说明 | 略 |
| 2.入选标准 | 国家重要性原则；适应性原则；可行性原则；国家公园管理局直接管理原则 |
| 3.公园管理总则 | 公园管理的立法依据；<br>避免资源被损害和降级的管理原则；<br>保护资源及其价值，并提供游憩的管理原则；<br>公园资源和价值损害禁令；<br>构成和不会构成公园资源和价值损害的影响类型；<br>公园资源和价值构成要素框定；<br>发现和避免损害的决策要求 |
| 4.公园利用总则 | 利用类型不同，公园对象不同，利用许可程度需有差异，需具体情况具体分析 |
| 5.公园界外合作保护总则 | 估计、避免和解决公园与界外社区的可能性冲突；<br>与之合作保护公园资源和价值；<br>与之合作提供游憩利用；<br>重视与社区居民生活质量相关的共同利益，如经济发展，资源与环境保护 |
| 6.公民参与 | 将公民参与作为管理基本原则和管理实施手段 |
| 7.环境先导原则 | 树立环境保护的榜样，在所有NPS工作中贯彻这一思想 |
| 8.卓越管理 | 人力资源管理；信息管理；残疾人无障碍管理；公众信息及媒体联系管理；管理问责制 |
| 9.合作伙伴 | 肯定合作保护以及合作伙伴对实现保护目标和保护创新方面的价值 |

续表

| 一般性管理规定 | 主要内容或要求 |
|---|---|
| 10.与美洲印第安人关系处理 | 依照美国宪法、协议、法律和法庭判决范围内承担责任，与联邦认可的部落政府保持政府间联系，妥善开展管理局针对美洲印第安部落及托管资源的工作 |
| 11.夏威夷土著、太平洋岛屿住民和加勒比岛屿住民 | 与土著和原住民建立开放、合作的关系，承担各公园成立法和相关立法中规定的责任 |

表 5-3　国家公园系统规划项目框列

| 国家公园系统规划 | 主要内容或要求 |
|---|---|
| 公园规划总则 | 应用科学与技术信及学术分析；公众参与；目标责任制 |
| 公园规划与决策组成要素 | 公园相关立法及背景说明；总体管理规划；项目管理规划；战略规划；操作性规划；年度工作计划；年度工作报告 |
| 公园规划层次 | |
| 1.总体管理规划 | 有关法令；管理分区；规划团队；科学与学术；公众参与；选择性可能分析；环境分析；协同规划；原生及风景河流规划；荒野规划；阿拉斯加公园单元规划（阿拉斯加国土利益保护法案）；总规的周期检查 |
| 2.项目管理规划 | 为某一单独的公园项目实施作综合性规划，如综合解说规划、土地保护规划、游客使用规划等，是联系总规的宏观目标与实现目标的具体措施之间的桥梁 |
| 3.战略规划 | 具体包括规划的目的及任务；长期工作目标；战略选择描述；年度目标与长期目标的联系；建立或修改目标的原因；公民参与；外部影响因素；规划者名单 |
| 4.操作性规划 | 为达到总规、战略规划及项目管理规划中框列的条件，规划各项工作及项目及如何实施，从微观操作层面处理一些复杂的、技术性的问题 |
| 5.公园年度工作计划及报告 | 须与NPS预算发展具有一致性 |

表 5-4　国家公园土地管理项目框列

| 国家公园土地管理 | 主要内容或要求 |
|---|---|
| 1.土地管理总则 | 土地征收原则；公园外部影响协调 |
| 2.土地保护方案 | 为保护公园资源的目的采取各种适宜的方案，如征收各种所有权类型的土地；合作契约等 |

| 国家公园土地管理 | 主要内容或要求 |
| --- | --- |
| 3.土地保护规划 | 融合在管理规划过程中，确定和汇总哪些土地或土地权益应为公有，为实现管理单元目标应该采取什么措施。每一个包含非联邦土地或土地权益的公园单元都必须制定土地保护规划 |
| 4.合作保护 | 与那些不被征收但对公园存在影响的私有土地持有者建立合作保护关系 |
| 5.边界调整 | 在法律授权条件下，可以对公园边界作调整 |
| 6.土地征收授权 | 通常禁止征收公园授权边界外的土地，但是某些法令授予一些限制性的许可，允许对公园边界作一些小量变动，允许接受捐赠性质的与公园边界相接壤的土地 |
| 7.土地征收经费 | 主要来自土地与水保护基金 |
| 8.征用 | 在其他征收方式都无效、征收符合所有限制要求、并且得到局长及其他准许的情况下，可以采取征用的方式 |

**表 5-5 国家公园自然资源管理项目框列**

| 国家公园自然资源管理 | 主要内容或要求 |
| --- | --- |
| 1.总体管理理念 | 必须对所有活动的自然资源影响程度作说明；促进对资源和自然的科学认识，减少活动对其的影响 |
| 自然资源管理规划 | 制定长期管理战略，交代实现未来公园自然资源管理条件的综合性项目；在本地调查、研究、监测、恢复、减灾、保护、教育和资源管理利用等活动中结合最新科技；利用高质、科学信息和影响评价进行规划 |
| 自然资源信息 | 按专业要求管理；向员工、科研单位和公众广泛开放；保留部分敏感性信息 |
| 自然资源影响评价 | 任何活动前必须对其的自然资源影响程度作评价；评价须有公众参与；评价中应用学术、科学及技术信息；结果合格者须有NPS无损害资格证 |
| 合作伙伴 | 与联邦、部落、州及地方政府和组织、外国政府和组织、私人土地所有者建立合作或契约；为控制噪声、维护水质量和流量等目的，与界外相关单位建立合作关系 |
| 自然系统恢复 | 对自然破坏的自然系统原则上不作干预；恢复那些人为干扰的自然系统，采用最新技术促进其恢复；恢复手段如清除外来物种；清除非历史建筑或设施等 |

续表

| 国家公园自然资源管理 | 主要内容或要求 |
|---|---|
| 自然资源损害赔偿 | 应用所有法律手段；损害评估；恢复代价、成本及方法确定；寻求恢复、替换资源的解决措施 |
| 2.研究与文献 | NPS主导或赞助的本底调查、监测和调查研究；独立研究；自然资源文献；商业产品开发相关文献 |
| 3.特殊保护类型 | 研究自然保护区；试验研究区；荒野区；国家原生与风景河流系统国家自然纪念地生物圈保护区；世界遗产名录 |
| 4.生态资源保护 | 生态资源保护总则；本地植物与动物物种管理；植物及动物采集；外来物种管理；害虫管理 |
| 5.火管理 | 野火管理；人为火管理 |
| 6.水资源管理 | 地表水和地下水保护；水权；水质量；河漫滩；湿地；流域及河流 |
| 7.空气资源管理 | 空气质量；天气与气候 |
| 8.地质资源管理 | 地质过程保护；地质特征保护 |
| 9.声景管理 | 保护各种自然界动物和其他自然发出的声音，避免非自然声音的干扰 |
| 10.光景管理 | 限制公园内人工灯饰的使用；应用影响最低的照明技术等 |
| 11.化学反应及气味 | 尽可能使自然化学反应和气味的自然释放不被人为破坏和干扰 |

**表 5-6　国家公园文化资源管理项目框列**

| 国家公园文化资源管理 | 主要内容 |
|---|---|
| 1.文化资源研究 | NPS研究；独立研究；资源认定与评价 |
| 2.文化资源规划 | 广泛的公众咨询及传统联系人咨询；与热心和利益群体建立互利协议，促进与文化资源有关的联合研究、培训和合作管理，准许资源传统联系人在法律许可范围内用传统方式利用资源；在特定情况下，依法保守资源的位置、特征、本质、所有权等信息 |
| 3.文化资源看护 | |
| 文化资源保护与保存 | 紧急管理；火探查、灭火及火后恢复与保护；资源损害赔偿；环境监测及控制；病虫害管理；旅游承载量；文化声景管理 |
| 残疾人无障碍保证 | 为残疾人提供最高水平的通达性 |
| 历史财产租赁及合作协议 | 出于保护的目的，允许以租赁及合作协议的方式 |

续表

| 国家公园文化资源管理 | 主要内容 |
|---|---|
| 人类遗留和墓葬的看护 | 避免这些区域的开发和使用；在其没有破坏威胁的情况下，任其自然存在等 |
| 文化资源处理 | 依照目前状态保留；恢复其完整性和特征供当前使用；恢复原状 |

表 5-7　荒野保护与管理项目框列

| 荒野保护与管理 | 主要内容 |
|---|---|
| 1.荒野资源的认定与划定 | |
| 　荒野资格评估 | 评估标准；补充性考虑因素；评估程序 |
| 　荒野研究 | 潜在荒野研究；提议荒野研究 |
| 　荒野建立推荐 | 由内政部长向总统推荐 |
| 　荒野建立 | 由国会立法建立 |
| 2.荒野资源管理 | 一般性政策；管理责任分配；机构内和跨机构的管理目标、技术及操作的一致性；荒野相关规划及环境达标；管理最低要求；荒野区内的科研活动；自然资源管理；文化资源；火管理；管理设施；荒野边界；美洲印第安人进入及相关地区 |
| 3.荒野利用管理 | 一般性政策；荒野解说与教育；荒野游憩利用管理；特殊事件；私人有效权利；放牧通道；残疾人无障碍进入 |

表 5-8　国家公园解说与教育项目框列

| 国家公园解说与教育 | 主要内容 |
|---|---|
| 1.解说性及教育性项目 | 围绕公园的资源特点、立法历史及重要性、管理任务及目标展开。优秀的解说性及教育性项目的特点 |
| 2.解说规划 | 是解说和教育项目的规划与方向的指导 |
| 3.人员及非人员服务 | 人员服务；非人员服务；技术与解说；公园界外解说与教育服务 |
| 4.解说能力与技能 | 解说与教育雇员的具体就业资格与要求 |
| 5.解说与教育服务的总体要求 | 解说与21世纪的联系；使用解说与教育机会；资源问题解说与教育；研究与学术；解说及教育效果评价；咨询；文化示范；历史武器 |
| 6.解说与教育合作伙伴 | 国家公园内的志愿者；合作机构 |

表 5-9　国家公园使用管理项目框列

| 国家公园使用管理 | 主要内容 |
|---|---|
| 1.公园使用总则 | 适当性使用（与公园建立目的一致的使用；可持续性的不会带来不可接受的影响的利用）；适当性使用的评价程序 |
| 2.游客使用 | 旅游承载力；游憩活动（游憩使用管理；商业游客服务；河流使用；边远地区使用；捕鱼；捕猎等）；电动设备的使用；游客安全与应急反应；游憩收费与预订；旅游业 |
| 3.执法项目 | 执法总则；执法背景；责任分担；执行权；司法权；武力使用；执法公共信息与媒体联系；国土安全 |
| 4.飞越及飞行使用 | 阿拉斯加及边远地区；教育；一般飞行；行政使用；军事飞行；商用飞行管理；许可飞越；机场和着陆点 |
| 5.美洲印第安人及其他传统关系人的使用 | 与其保持咨询联系；决策参与等 |
| 6.特殊使用 | 使用总则；特殊事件；第一修正案项目；公用事业及道路权；私人财产使用；拍片及摄影；农业使用；畜禽及野生牲畜；军事使用；公墓及墓葬；其他特殊公园使用类型 |
| 7.矿物探查与开发 | 采矿权；联邦矿物租赁；非联邦所有矿物 |
| 8.自然产品收集 | 柴薪等自然产品收集 |
| 9.自然与文化研究、调查与标本收集活动 | 鼓励各种形式的科研活动；标本收集需获得许可 |
| 10.社会科学研究 | NPS支持的研究；独立性和商业性研究；管理及开展研究 |
| 11.租赁 | 补充标准；事前许可；非竞争性奖励；历史财产 |

表 5-10　国家公园设施管理项目框列

| 国家公园设施管理 | 主要内容 |
|---|---|
| 1.国家公园设施管理总则 | 设施规划与设计；残疾人无障碍使用；设施建设；设施维护；公用事业；废水管理及污染物问题；能源管理；结构防火火保护及控制 |
| 2.交通系统及调整性交通 | 道路系统；游道及步道；交通标识及标记；停车区；航行帮助 |
| 3.游客设施 | 信息及解说设施；住宿及食品服务；公共厕所；其他游客设施；广告设施 |
| 4.管理设施 | 行政办公室；博物馆藏管理设施；员工宿舍；维护设施；混合性管理设施 |
| 5.水库和水坝 | 公园内禁止新建水库和水坝；现有水库需执行年度安全检查 |

续表

| 国家公园设施管理 | 主要内容 |
|---|---|
| 6.纪念碑匾 | |

表 5-11　国家公园商业游客服务管理项目框列

| 国家公园商业游客服务管理 | 主要内容 |
|---|---|
| 1.总则 | 通过特许经营合约或商业使用授权才可以提供商业游客服务 |
| 2.特许经营 | 特许经营政策；商业游客服务规划；特许经营合约 |
| 3.商业使用授权 | 总则；要求；限制；建设禁止；期限；其他合同 |

# 第三节　美国国家公园系统管理体制的特点

## 一、保护与游憩功能并重，保护优先

美国国家公园管理局在国家公园系统管理中负有两大职责和目标，即公园系统资源及其价值的保护和尽可能地为民众提供游憩愉悦机会，这两大职责和目标始终贯穿在管理局的所有工作项目中。

首要职责是野生动植物保护功能。国家公园是各种珍稀物种的庇护地，美国面临威胁或濒临灭绝的物种大多能在国家公园里发现踪影。其次是休闲游憩功能。提到美国国家公园，给人的第一联想是家庭露营、登山、欣赏珍稀植物群落和动物种群、欣赏远离文明的荒野之美。

为人民开展各种休闲活动提供场所，并提供亲近大自然的切身体验，是国家公园提供的重要生态服务功能。

根据"组织法"和"一般授权法"，国家公园管理局必须严格保护公园资源及其价值；积极管理公园内的所有使用方式；调整公园使用的强度、类型、时间及地点，保证后代获得更多和更好的享受、学习并从这些资源和价值中获取灵感的机会。当出现保护与资源使用发生冲突的情况时，以保护优先的原则处理冲突。

此外，美国国家公园管理局还直接管理了84万平方公里的国土，而且除了土地资源和动植物资源，美国国家公园还管理着其相关的旅游资源、水资源和地热资源的开发利用[①]。

## 二、公园土地所有权具有唯一性

根据1916年出台的组织法案，国家公园管理局代表国家保护国家公园系统内的资源及其价值不受损害，同时提供公众对其使用和愉悦的机会。美国国家公园土地的联邦所有性质为国家公园管理局统一管理和保护资源、并满足公众游憩利用提供了良好的保证。

在绝大多数情况下，国家公园系统内的土地均为联邦所有，但是在国家公园系统的发展历史上经常会遇到公园授权管理界内的部分土地或土地上的权益非联邦所有的情况，此时，国家公园管理局往往采用征收这些土地来维护资源的保护与管理目标。

在认定土地必须或适宜征收后，国家公园管理局就开始依据部门土地交易和评估政策尽快征收土地。如果现实可行，国家公园管理局会采用最为节约的方案。土地或土地上的权益必须获有国会立法或总统宣告授权，大多数的土地征收授权只限于某一个公园内。公园界外的土地征收通常是禁止的，但是也有某些法令给予管理局一些有限授权，对边界做少量调整，以及接受公园边界连接土地的捐赠。

征收土地或土地上的权益的方式主要有：使用恰当的或捐赠的基金购买；交换；捐赠；降价购买；从公共土地上移出；征用。征用是在所有方式都无效的情况下才使用的一种特殊方式。土地征用资金主要来自土地和水保护基金。

---

① 王蕾，马友明.国家公园，美国经验［J/OL］.森林与人类，2014-08-08. http://www.forestry.gov.cn/Zhuanti/content_201408gjgyjs/698796.html

## 三、管理权具有唯一性和垂直管理特性

美国国家公园系统归于美国内政部管辖，由内政部下属机构国家公园管理局负责公园系统的直接管理，代表国家管理国家公园系统的行政、规划建设、业务技术、旅游经营、人事任免等事宜，在管理权归属上具有唯一性和排他性，联邦、州、地方、部落等的各相关机构是其合作对象和伙伴。

同时，在国家公园系统内部实行垂直管理、逐级责任分配制度。

## 四、立法先行，管理指令系统分级管理，指令层级清晰

美国国家公园管理体制的建立和发展与相关立法的支持密不可分，从最早的"黄石公园法案"到后来的"国家公园组织法"和"国家公园一般授权法"，立法为国家公园系统保护的目的、国家公园管理局的工作任务、保护单元的增加，以及一些详细的管理项目如特许经营奠定了方向，是国家公园系统发展和国家公园管理局开展各项工作的基础和依据。

国家公园管理局的日常管理依照一套分级管理、层级清晰的管理指令系统开展，其共分为三个层级。

"管理政策"是指令系统中的第 1 级（详细参前）；

由国家公园管理局局长签署的"局长令"是第 2 级；

第 3 级则包含了 1、2 级之外的所有专门用于指导员工履行职责时使用的各种专业性材料（如手册、参考册等），涵盖了执行"管理政策"和局长令的具体细节建议，其命名和编号与局长令具有一致性。

## 五、强调公园系统资源的分类管理

美国国家公园系统的资源总体分为自然资源和文化资源两大类型，同时公园系统又包含了 20 多项管理类别，如国家公园、国家战争公园、博物馆、历史纪念地等。这些分类的产生很大程度上由于美国国家机构改革、责任归并的结果，也有的是依据资源本身的特质而专门建立的。

这些分类基本上都各有立法依据，如"原生及风景河流法""国家历史保护法""国家步道法""荒原法"等。同时针对不同的管理类别，在管理政策和规划制定上也有所强调。

## 六、建立了完善的公园管理指令体系和管理项目

从《国家公园管理政策》到管理局局长令再到指导手册，从宏观性的管理计划到单个管理单元的具体管理计划，围绕着保护和游憩利用的管理目的，美国国家公园管理局不仅形成了三级公园管理指令体系，而且形成了包括公园系统规划、土地保护、自然与文化资源管理、公园使用、公园设施、商业游客服务等项目在内的广泛且严密的管理项目体系。

## 七、规划贯穿所有项目管理始末

国家公园管理局制定了一套完善的规划体系，具体包括总体规划、战略规划、项目（专项）规划与操作规划，管理局的工作围绕规划的目标和任务展开。各项规划一旦颁布就具有法令效应，管理者必须对其实施结果负责。年度工作总结报告及年度工作计划是对规划实施情况进行总结和阶段性实施计划的报告，是对管理者问责的一种形式。

## 八、强调技术投入与科学研究

国家公园管理局的管理政策要求在规划、资源监测、资源保护和恢复、解说与教育项目等管理项目中广泛采用最新的最具时代性的技术。同时，公园管理局还有责任开展或支持开展对实现公园管理目标有益的学术与科学研究。公园管理局设有河流、步道及保护帮助项目、美国战争地保护项目、国家历史地项目、历史美洲建筑调查项目、历史美洲景观调查项目等多项基金，专门用于支持国家公园的相关科研工作。

在美国国家公园管理局有人数众多的专业人员，其专长涵盖对相关法规

的阐释、执法及自然资源管理，同时还包括公园警察、救火员、生物学家、生态学家、历史学家、维修工程师、建筑师以及许多其他的专业领域。

国家公园拥有近 6000 名森林看护人，其中半数是受过训练的执法专业人员，他们亦是具有专业水准的看护人。近半数国家公园管理局的工作人员为维护人员，这些人员基本上是当地征募的，他们整个职业生涯中将工作在某一特定公园。

美国国家公园除了员工体系外，还建立了志愿者计划，每年几十万志愿者帮助恢复或者重建生态系统，甚至修建道路等，为联邦政府节省了上百万美元的开支 ①。

## 九、实现政企分开的管理经营模式

国家公园管理局不在国家公园系统内直接提供商业游客服务项目，而是负责商业游客服务项目的规划、组织、招募和管理监督工作。管理局首先规划形成各种商业游客服务项目，然后通过特许经营和商业使用授权的形式授权私人企业进入和提供服务，并与之签订合同和其他协议，派出专人对这些服务项目进行监督和管理。

## 十、强调公众参与和外部联系

公众参与是国家公园管理局的基本原则和方法，国家遗产资源保护依赖管理局与社会整体的共同群策群力和彼此间的可持续联系，公众参与所指范围广泛，从公园邻近社区到所有其他对国家公园系统热心的社区，不论距离的远近，都是公众参与的所指范围。公众参与的目标是共同保护和看护自然与历史文化资源。

国家公园管理局重视建立公园的各种联系，通过合作、咨询、协作等多种联系共同实现国家公园系统的管理目标。这些外部联系包括与联邦、各州、

---

① 王蕾，马友明. 国家公园，美国经验［J/OL］. 森林与人，2014-08-08. http://www.forestry.gov.cn/Zhuanti/content_201408gjgyjs/698796.html

部落和当地的相关机构的联系，也包括与传统社区、土著等的联系。

一些地方协作授权实体作为多方协调机构与国家公园管理局共同促进遗产的保护，它由遗产区域发起各州与地方发起组成，并经国会授权指定，具体组成人员包括各州的历史保护官员和国家公园管理局的代表，各州、市、县议会的代表、专家、普通公民及相关的非营利性组织等。

地方协作授权实体实际上在资金募集、计划筹措、协调行动、制定和执行管理规划等各个方面发挥着不可替代的作用。

# 第四节　总结

总体来说，美国国家公园体系的管理特点可以用"统一、规范、公益"三个关键词来总结。

"统一"是指，美国国家公园严格按照"一地一主""一地一牌"进行管理，且所有国家公园的规划设计由国家公园管理局下设的丹佛规划设计中心统一负责。丹佛规划设计中心的技术人员包括风景园林、生态、地质、水文、气象等各方面的专家学者，还有经济学、社会学、人类学家。规划设计在上报前，先向地方及州的当地居民广泛征求意见，否则参议院不予讨论。

"规范"，即各方面制度完备，不但建立了十分科学务实的机构和制定了详细的管理规则，也具备了完善的管理方法和管理体制，且只有被国会批准才能成为国家公园。

"公益"，即特别突出公益性，门票价格极其低廉，且在带动周边社区发展和鼓励公众参与公园管理上成效卓著。美国国家公园的门票一般是10美元/车或5美元/人。①

---

① 王蕾，苏杨.从美国国家公园管理体系看中国国家公园的发展［J］.大自然，2012（5）：14~17.

# 第六章　我国自然保护区管理体制概况

## 第一节　我国自然保护区发展概况

中国幅员辽阔，地貌起伏，气候多样，山河交错，陆海承接，为各种生物及自然生态系统形成与演变提供了多种多样的生境，是世界上唯一具备几乎所有自然生态系统类型的国家。许多自然地带因资源丰富、物种珍稀、景观独特、功能多样，被誉为大自然的瑰宝。

我国自然资源管理的历史悠久，可以追溯到秦朝时期，而现代意义上的自然资源保护则起步较晚，到 20 世纪 50 年代以后才开始。自然保护区是生物多样性保护的核心区域，是我国生态安全空间格局的重要节点[①]。这些物华天宝能够在经济大开发的浪潮中得以保存其原真性，成为代际传承的珍贵自然遗产，离不开我国 60 多年逐渐形成的自然保护地体系的坚强保护。

---

① 郄建荣. 环保部：正在编制完成《全国自然保护区发展规划》[ N/OL]. 法制日报，2016-05-23. http://www.law-lib.com/fzdt/newshtml/fzjd/20160523093641.htm

经过 60 多年的发展，我国自然保护区体系已基本形成，生物多样性保护已上升为国家战略，法规制度逐步完善，重要生态系统、珍稀濒危物种和大部分自然遗迹得到保护，自然保护能力建设持续增强，自然保护区和生物多样性保护工作取得显著成绩。

截至 2016 年年底，全国共建立各种类型、不同级别的自然保护区 2750 个，保护区总面积约 14732 万公顷（见表 6-1）。其中，自然保护区陆地面积约 14288 万公顷，占全国陆地面积的 14.88%。国家级自然保护区 446 个，面积约 9695 万公顷，其中陆地面积占全国陆地面积的 9.97%。国家湿地公园试点总数达到 836 处。全国有超过 90% 的陆地自然生态系统类型，约 89% 的国家重点保护野生动植物种类，以及大多数重要自然遗迹在自然保护区内得到保护，部分珍稀濒危物种种群逐步恢复。

表 6-1 我国自然保护系统类型

| 类型 | 数量（个） | 面积（公顷） |
| --- | --- | --- |
| 森林生态 | 1427 | 31728927 |
| 草原草甸 | 41 | 1654155 |
| 荒漠生态 | 31 | 40054288 |
| 内陆湿地 | 383 | 31105732 |
| 海洋海岸 | 68 | 716828 |
| 野生动物 | 529 | 38770689 |
| 野生植物 | 153 | 1769717 |
| 地质遗迹 | 85 | 982564 |
| 古生物遗迹 | 22 | 549557 |
| 合计 | 2750 | 147322457 |

资料来源：《2016 中国环境状况公报》

我国自然保护区包括森林、草原、湿地、海洋、荒漠、野生动物、野生植物、地质遗迹、古生物遗迹9种类型。从布局上看，全国各省、区都有自然保护区。数量较多的是广东、云南、内蒙古、黑龙江、四川、江西、贵州、福建等省份，这8个省、区自然保护区数量占全国总数的58%。面积较大的是西藏、新疆、青海、内蒙古、甘肃、四川等西部省区，6省（区）自然保护区面积就占自然保护区全国总面积的77%。

自然保护区建设取得今天的成绩并非一蹴而就，其间也经历了诸多坎坷波折。国家林业局调查规划设计院副院长唐小平将新中国成立后我国自然保护体系的发展历程分为5个阶段，并对各阶段进行了详细的梳理和总结[①]，具有较大参考价值，其内容如下：

第一时期：起步阶段（1956~1966年）。

1956年9月，秉志、钱崇澍等5位科学家向第一届全国人民代表大会第三次会议提出了"请政府在全国各省（区）划定天然林禁伐区，保护自然植被以供科学研究的需要"的92号提案，"急应在各省（区）划定若干自然保护区（禁伐区），为国家保存自然景观，不仅为科学研究提供据点，而且为我国极其丰富的动植物种类的保护、繁殖及扩大利用创立有利条件，同时对爱国主义的教育将起着积极作用"，并由国务院根据此次大会审查意见交林业部会同中国科学院、森林工业部办理。

同年10月，林业部牵头制定了《关于天然森林禁伐区（自然保护区）划定草案》，明确指出："有必要根据森林、草原分布的地带性，在各地天然林和草原内划定禁伐区（自然保护区），以保存各地带自然动植物的原生状态"，并明确了自然保护区的划定对象、办法和重点地区。

1956年开始，各地先后在广东鼎湖山、浙江天目山、海南尖峰岭、福建莘口、广西花坪、云南西双版纳小勐养、吉林长白山、黑龙江丰林等地陆续

---

① 唐小平.中国自然保护区：从历史走向未来［J］.森林与人类，2016（11）.

建立自然保护区，填补了我国自然科学发展中的空白。

由于对自然保护区的认识尚处于萌芽状态，建设速度不快，至 20 世纪 60 年代中期，全国共建立（或规划）了以保护森林植被和野生生物为主要功能的自然保护区 20 处，面积约 43.7 万公顷。

第二时期：停滞和缓慢发展阶段（1967~1978 年）。

"文化大革命"时期，我国自然保护区事业受到严重摧残，许多已经划定的自然保护区遭到破坏或撤销。1972 年我国参加联合国人类环境大会后，对环境问题逐步给予重视。1973 年 8 月，原农林部召开了"全国环境保护工作会议"，会议通过了《自然保护区管理暂行条例（草案）》，比较全面地提出自然保护区工作规范和把自然地带的典型自然综合体、特产稀有种源与具有其特殊保护意义的地区作为建立保护区的依据。

1975 年，国务院对自然保护区做出了重要指示，强调珍稀动物主要栖息繁殖地要划建自然保护区，加强自然保护区的建设。农林部发布《关于保护、发展和合理利用珍贵树种的通知》，明确要求"珍贵树种主要的原始生长地或集中成片的地区，建议有关省（区）适当划出自然保护区或禁伐区"。

此后，浙江、安徽、广东、四川等省（区）相继建立了 25 个自然保护区。到 1978 年年底，全国共建立自然保护区 34 个，总面积 126.5 万公顷，约占国土面积的 0.13%。

第三时期：稳步发展阶段（1979~1993 年）。

1979 年，全国农业自然资源调查和农业区划会议决定推行自然保护区区划和科学考察工作，要求在近两三年内抓好全国已建和拟建的自然保护区，提出布局、规划和对珍稀动植物保护的方案。林业部会同中国科学院、国务院环境保护领导小组联合邀请国家农委、国家科委、农业部、农垦部、地质部、国家水产总局等 8 个部委（局）对自然保护区划和科学考察等进行了研究，联合下达了《关于加强自然保护区管理、区划和科学考察工作通知》，在全国农业自然资源调查和农业区划委员会下成立了自然保护区区划专业组，各省（区、市）也相继成立了自然保护区区划小组，开展自然保护区规划、调查和筹建等工作。

1979年9月，全国人民代表大会通过了《中华人民共和国森林法（试行）》和《中华人民共和国环境保护法（试行）》。1985年，我国颁布并实施了《森林和野生动物类型自然保护区管理办法》，这是中国自然保护区建立、管理方面的第一部法规，为规范建立自然保护区体系提供了法律依据。

1987年5月，国务院环境委员会颁发了《中国自然保护纲要》，这是我国第一个保护自然资源和自然环境的宏观指导性文件，它明确表达了我国政府对保护自然环境和自然资源的政策。1988年11月，全国人民代表大会通过了《中华人民共和国野生动物保护法》和《关于捕杀国家重点保护和珍贵、濒危野生动物犯罪的补充规定》，明确在国家和地方重点保护野生动物的主要生息繁衍的地区划定自然保护区。1989年1月，林业部和农业部第1号令发布了经国务院批准的《国家重点保护野生动物名录》。1993年我国成为《生物多样性公约》和《国际重要湿地公约》缔约国之一。

自此，我国自然保护区建设步入了有法可依、有章可循、与国际接轨的稳步发展轨道。到1993年，全国共建立各类自然保护区763处，总面积6618万公顷，占国土面积的6.84%。

第四时期：快速发展阶段（1994~2007年）。

1994年，国务院发布实施了《中华人民共和国自然保护区条例》，这是我国第一部自然保护区专门法规，全国自然保护区管理体制开启了综合管理与部门管理相结合的新模式。20世纪90年代中期，由于受体制机制改变的影响，自然保护区发展一度较缓慢。

1998年夏，百年不遇的特大洪灾在我国长江、嫩江暴发，惨烈灾情进一步唤醒了全国人民保护自然、保护生态的意识，生态建设受到党中央、国务院的高度重视。1999年开始，国家陆续启动了天然林保护、退耕还林等一系列重大生态工程。2000年6月，国家林业局为了深入贯彻中央西部大开发战略，在甘肃省兰州市召开了"加快西部地区自然保护区建设工作座谈会"，部署在大开发的背景下抢救性地保护自然资源、加快我国西部地区自然保护区的建设步伐。

2001 年，正式启动了全国野生动植物保护和自然保护区工程，大熊猫、老虎、亚洲象、苏铁等十五大类重要物种和一批典型生态系统就地保护纳入了工程建设重点，自然保护区事业呈现快速发展势头。到 2007 年，我国自然保护区规模达到了一个峰值，自然保护区数量有 2531 处，总面积约 15188 万公顷，占到国土面积的 15.82%。

第五时期：稳固完善阶段（2008 年至今）。

随着我国工业化、城市化走上快车道，加上自然保护区"一刀切"的管理方式带来了许多问题，中央与地方博弈、部门利益冲突升级，国家对自然保护区投入严重不足等原因，导致 2007 年以来我国自然保护区建设基本处于停顿乃至下降状态，许多自然保护区因抢救性划建时弊端较多存在调整的客观需求，许多省（区、市）没有动力新建任何自然保护区。

"十二五"期间，国家发展改革委、财政部安排专项资金用于自然保护区开展生态保护奖补偿、生态保护补偿等政策，支持国家级自然保护区开展管护能力建设、实施湿地保护恢复工程等，使自然保护区发展回归到了稳定状态。

2010 年，国务院针对全国自然保护与开发矛盾日益突出等问题，出台了《关于做好自然保护区管理有关问题的通知》。2015 年，为了严肃查处自然保护区典型违法违规活动，环境保护部等 10 部门印发《关于进一步加强涉及自然保护区开发建设活动监督管理的通知》，国家林业局开展"绿剑行动"，坚决查处涉及自然保护区的各类违法建设活动。

在我国"十三五"规划纲要中，强化自然保护区建设和管理业已被明确提出。环保部门将从以下五个方面继续推动我国自然保护体系的完善[①]：

---

① 赵静. 环保部：加快编制完成《全国自然保护区发展规划》[EB/OL]. 中国证券网，2016-05-22. http://news.163.com/16/0522/19/BNMMP9L800014SEH.html

一是完善自然保护区网络，加快编制完成《全国自然保护区发展规划》；

二是严格监督管理和执法，加强涉及自然保护区建设项目的环境管理；

三是深化体制机制改革，更好地把国家公园体制建设试点、自然资产产权、自然资产负债表等改革工作与自然保护区事业相结合；

四是实施重大保护工程；

五是加大社区扶持力度，形成"政府负主体责任，部门齐抓共管，社会全面监督"的管理格局。

如今，我国已经是全世界自然保护区面积最大的国家之一，基本形成了类型比较齐全、布局基本合理、功能相对完善的自然保护区网络。

同时我们也应该看到，我国在建立了上万个自然保护地的同时，也面临着自然保护地布局不合理，破碎化、孤岛化现象显现，多头管理，交叉重叠，自然资源产权不够清晰等诸多亟待解决的问题，影响了生态服务功能发挥，难以提供生态安全保障。

国家公园体制正式在这种背景下用改革的思路解决这些问题，通过制度创新，完善自然保护体系，其不单是建立若干个国家公园实体，需要从国家公园单元、国家公园体系、国家公园体制不同层次明确目标。

随着近年来相关政策的出台和实践的推进，国家公园体制不断完善。国家公园体制是在现有的自然保护区管理体制下的继承和发展，之所以在现阶段提出，是为以国家公园体系建设为契机梳理我国现有的自然保护地体系，对过去自然保护体系进行有效衔接并解决现有自然保护体系的种种弊病，帮助实现自然保护体系的成功转型。

未来，国家公园体系将成为自然保护地体系的主体，并在政策、体制及实践等方面不断推进。力争到2020年建成我国第一批国家公园，为建立以国家公园为主体的自然保护地体系提供示范，使我国成为全球生态文明建设的重要参与者、贡献者、引领者。

鉴于目前我国国家公园体制尚未成型，不便于进行中美比较，故本书暂沿用现阶段仍居于主体的自然保护区管理体制进行中美国家公园的体制比较，这既符合当前的现实情况，也助于为将来建设国家公园体制奠定坚实基础。

# 第二节　我国自然保护区管理体制的特点

## 一、强调环境和资源的保护

自然保护区是为了保护有代表性的自然生态系统和生物多样性而特别划定的区域，"以保护自然环境和自然资源，拯救濒危的生物物种，维护生态平衡为首要任务"（《自然保护区管理条例》），自然保护区管理的长期目标是保护自然环境和自然资源，促进人与自然和谐发展，保障经济的可持续发展。

与发达国家相比，我国自然保护区建立的时间较晚，大多数保护区都是在先划后建，资源抢救性保护为背景下建立起来的，正因如此，自然保护区的"保护"特性显得尤为重要。

自然保护区保护了国家战略资源。因为生物资源是国家的战略资源，是人类生存和经济社会可持续发展的基础。每一个生物物种都包含丰富的基因，一个基因可以影响一个国家的经济，甚至一个民族的兴衰。

生物资源拥有量是衡量一个国家综合国力和可持续发展能力的重要指标之一。自然保护区是生物资源的天然储存库，保护了我国丰富的生物多样性和生物物种资源，为经济社会持续发展和维护中华民族的长远利益提供了重要的物质基础。

自然保护区维护了国家生态安全。自然保护区保护了我国80%的陆地自然生态系统类型、40%的天然湿地、20%的天然林、85%的野生动植物种群、65%的高等植物群落。保存完好的天然植被及其组成的生态系统具有防风固沙、涵养水源、净化水质、保持水土、调节气候等重要生态功能，为维护我国的生态安全发挥着无以替代的作用。

我国自然环境最洁净、自然遗产最珍贵、自然景观最优美、生物多样性最丰富、生态功能最重要的区域，都存在于自然保护区中。

## 二、形成了以政府为主导的公益性资源管理模式

政府主导是做好自然保护区工作的前提。自然保护区是社会公益事业，也是一项重要的政府职责。我国自然保护区发展的历史充分证明，以政府为主导的公益性自然保护模式为我国的自然保护区事业带来了快速的发展，政府重视程度与自然保护区的健康发展存在必然的联系。

60 多年来，各级人民政府站在长远和全局的高度，将自然保护区发展纳入经济社会发展规划，积极划建保护区，健全管理机构，落实人员编制，多方筹措资金，不断增加投入，加强能力建设，提高管理质量，为推进自然保护区事业发展发挥了主导作用。

未来，政府将加快划定生态保护红线，确保各级各类自然保护区纳入红线，提升重要生态功能区、自然保护区、生物多样性保护优先区的生态系统稳定性和生态服务功能，努力推动全社会筑牢生态安全屏障。

## 三、形成了分部门、分类型、分级管理、综合管理与分部门管理结合的管理特点

我国自然保护区形成了分部门、分类型、分级管理、综合管理与分部门管理相结合的自然保护区管理特色。

1993 年，国家环保局和国家技术监督局联合发布了《自然保护区类型与级别划分原则》，规定了自然保护区类型与级别的划分[①]。根据自然保护区保护对象的代表性与重要性，我国自然保护区被划分为国家级、省级、市级和

---

① 中华人民共和国生态环境部. 自然保护区类型与级别划分原则 [EB/OL]. 1994–01–01.http://www.zhb.gov.cn/gzfw_13107/kjbz/sthjbhbz/201605/t20160522_342909.shtml

县级四个等级，按照自然保护区的保护对象、性质和功能等将自然保护区划分为 3 大类别 9 个类型，分别为：自然生态系统类（包括森林生态系统类型、草原与草甸生态系统类型、荒漠生态系统类型、内陆湿地和水域生态系统类型、海洋和海岸生态系统类型）；野生生物类（包括野生动物类型、野生植物类型）；自然遗迹类（包括地质遗迹类型、古生物遗迹类型）。

为整合分散的生态环境保护职责，统一行使生态和城乡各类污染排放监管与行政执法职责，加强环境污染治理，保障国家生态安全，建设美丽中国，2018 年 3 月，第十三届全国人民代表大会第一次会议批准的国务院机构改革方案将环境保护部的职责，国家发展和改革委员会的应对气候变化和减排职责，国土资源部的监督防止地下水污染职责，水利部的编制水功能区划、排污口设置管理、流域水环境保护职责，农业部的监督指导农业面对污染治理职责，国家海洋局的海洋环境保护职责，国务院南水北调工程建设委员会办公室的南水北调工程项目区环境保护职责整合，组建生态环境部，作为国务院组成部门。生态环境部对外保留国家核安全局牌子。

其主要职责是制定并组织实施生态环境政策、规划和标准，统一负责生态环境监测和执法工作，监督管理污染防治、核与辐射安全，组织开展中央环境保护督察等[①]。县级以上人民政府负责自然保护区管理部门的设置和职责，由省、自治区、直辖市人民政府根据当地情况确定。

今后，生态环境部的方向将主要转向推动各级政府优先安排自然保护区内及周边社区的新农村建设、农村环境综合整治等项目，研究建立自然保护区公共监督员制度，形成"政府负主体责任，部门齐抓共管，社会全面监督"的管理格局。

---

① 钱中兵.关于国务院机构改革方案的说明［EB/OL］.新华网，2018-03-14. http://www.xinhuanet.com/politics/2018lh/2018-03/14/c_1122533011.htm

## 四、形成了以行政和部门法令为主导的管理法规体系

我国自然保护区目前建立了相对完善的以行政和部门法令为主导的管理法规体系。早在 1962 年，国务院就发布了《关于积极保护和合理利用野生动物资源的指示》，要求各地在珍稀鸟兽的主要栖息繁殖地建立自然保护区。如今，中央和地方政府都制定了自然保护区管理法规，有 200 多个自然保护区也制定了管理办法。这些法规都属于行政和部门法令。

根据"十三五"规划纲要要求，生态环境部正在加快编制完成《全国自然保护区发展规划》，全面提高自然保护区管理系统化、精细化、信息化水平，优化保护区空间布局。

与此同时，我国生态环境法律体系建设迈出重大步伐，先后颁布了《森林法》《野生动物保护法》《野生植物保护条例》《自然保护区条例》《森林和野生动物类型自然保护区管理办法》等法律法规，发布实施了《中国生物保护行动计划》《中国湿地保护行动计划》《全国自然保护区发展规划纲要》，组织编制了《全国野生动植物保护及自然保护区建设工程总体规划》。同时，国家先后批准加入了包括联合国《生物多样性公约》《濒危野生动植物种国际贸易公约》（华盛顿公约）、《关于保护世界文化与自然遗产公约》和《关于特别是作为水禽栖息地的国际重要湿地公约》（拉姆萨公约）在内的 20 项以上有关环境与资源保护的国际公约和条约，为野生动植物保护及自然保护区建设提供了重要的法律保障。

# 第三节　总结

近几十年堪称中国速度的经济社会建设伴随着生态环境问题的日益紧迫。自然界昔日近在咫尺，如今却越来越触不可及。近些年，从顶层设计到公众

意识，从学术研究到保护实践，自然保护问题都受到了前所未有的高度关注。

党的十九大报告指出："构建国土空间开发保护制度，完善主体功能区配套政策，建立以国家公园为主体的自然保护地体系。"我国在自然保护领域正在经历一场从自然保护区建立开始 60 多年以来的深刻历史性变革，进行着从自然保护区为主体到国家公园为主体的划时代转变。这场变革意义深远、责任深重，功在当代、利在千秋。

经济发展需要与生态保护协调，最美的风景需要最严格的保护。覆载群生仰至仁，发明万物皆成善。大自然的无穷魅力和奥秘需要用智慧领悟、体味，随着自然保护地体系不断科学化、法制化、规范化，人们这份美好环境的向往也指日可待。

# Part 7

# 第七章　中美国家公园体制比较研究

美国国家公园与我国自然保护区都是在人类社会因经济发展需要而不断加剧对自然的占用和掠夺，导致资源的可持续利用出现危机的背景下产生的一种资源保护管理方式。

虽然就目前而言，对自然保护区与国家公园在类型上是否同属一类还存在争议和分歧，我国也未根据 IUCN 保护地管理类别建立起严格的保护地类型体系，但是我国自然保护地体系与美国国家公园系统都是本国国内最为重要、覆盖面积最为广泛的自然资源管理体系，都包含了本国国内最具生物多样性特色和生态价值的资源，并且都建立了以政府为主导的公益性保护管理体制，都强调以保护为主要目标，并都不同程度地允许资源的游憩利用。

因此，对二者的管理体制进行对比研究具有可行性和比较的基础，其可比性可以进一步深化分析。

# 第一节　管理目标比较

从管理目标来看，自然保护区以生态保护为目的，而国家公园注重生态保护与旅游展示的统一。

美国国家公园系统具有两大鲜明的目标，即保护与以旅游展示为主的可持续利用，在任何有关国家公园管理局工作任务的文件中都有明确的强调和说明，所有工作都围绕这两大目标进行。

美国国家公园以提供大众休闲、游览等公益性服务为主，不以创收为目的。美国的国家公园多数是免费的，只有一小部分公园收取门票，如黄石国家公园属于收费公园，但其门票价格却很低，一部小轿车收费 10 美元，而一部 50 人座的大巴士收费仅 40 美元。一张门票可以进进出出连续使用 7 天，通常游客白天乘车进公园游览，晚上则住在公园外面，以尽量减少公园生态环境受到破坏和影响的可能性。

据调查，美国国家公园每年游客量达 2.5 亿~3 亿人次，可是门票收入却不到 1 亿美元，也就是说每人每年仅花费 40 美分（约合人民币 2 元 6 角），实际上是很低的。美国国家公园的管理费来源于国会拨款，国家公园管理局从不给各个公园下达创收指标，以防止公园借口搞开发项目[①]。

在理论上，这与我国自然保护区的管理目标存在差异，因为我国关于自然保护区的成文文件中都只强调其"保护"的功能，但在实际管理操作中，我国自然保护地体系与美国国家公园系统的开发相比则有过之而无不及。长期以来，谈论自然保护区的管理时，往往敢于讲保护，不敢讲利用；或者仅

---

① 杨红君.浅析美国国家公园的管理［EB/OL］.2012-09-04. http://epaper.rmzxb.com.cn/detail. aspx?id=391496

在口头上、理论上讲利用，实际上回避讨论自然保护区的经济功能。

现实状况是我国自然保护区内存在多种形式的利用，如矿物资源开采、非林产品攫取、农业利用、养殖等，常常在保护与利用发生冲突时牺牲保护，这与美国国家公园强调的"保护优先"的管理思想存在很大的差距。

这样的管理目标定位实际上既不符合可持续发展思想的本质，又是对当地居民自然资源权益的侵犯，并且也与现实差距太大。

# 第二节　管理组织形式比较

从管理组织形式来看，国家公园强调自上而下的统一、垂直管理，而自然保护区实行的是"综合协调，多部门管理"。

美国国家公园的管理实行垂直管理制度，国家公园系统归内政部一个部门管辖，并由隶属于内政部的国家公园管理局负责国家公园直接管理，代表国家管理国家公园系统的行政、规划建设、业务技术、旅游经营、人事任免等事宜，国家公园管理局对国家公园系统的管理具有唯一性和排他性。

我国自然保护区则与之相比有很大的差异。根据《中华人民共和国自然保护区条例》（以下简称《条例》），"国务院环境保护行政主管部门负责全国自然保护区的综合管理，国务院林业、农业、地质矿产、水利、海洋等有关行政主管部门在各自的职责范围内，主管有关的自然保护区"。《条例》虽然规定了国家对自然保护区实行综合管理与分部门管理相结合的管理体制，但却没有关于如何保障管理机构之间协调的相关规定。

我国国家公园管理部门刚刚设立，但是自然保护区的分类型、分等级管理方式以及多重交叉管理的局面并没有彻底改善，多头管理、各自为政、建设与管理脱节等问题还有待于解决。再加上自然保护区本身可能具备多种类型的生态因子，增加了问题的复杂性。

# 第三节　管理经费比较

从管理经费上看，国家公园强调国家所有，由国家财政予以保障，而自然保护区采取分级、分部门预算管理的方式。

美国国家公园体系成员的日常运营、保护和维护费用均由国会按照每年预算予以拨付。国家公园管理局的预算主要包括自由支配支出和强制支配支出两部分。自由支配支出预算主要体现在公园运营、游憩与保护、文物保护、项目建设以及土地收购与国家捐赠五大方面。

根据最近美国国家公园的《百年挑战基金法案》，美国联邦政府将给予美国国家公园管理局每年 1 亿美元的投入，另外国家公园管理局每年还将争取与此数目相等或大于该数目的慈善经费。近几年，随着国家公园体系成员总数的增加以及政府财政预算的削减（如表 7-1），国家公园所能够获得的运营管理费用略有下降，2014 年园均只有 744.08 万美元，比 2010 年减少了 58.62 万美元[1]。

表 7-1　2004~2014 年美国国家公园管理局经费开支

| 年份 | 国家公园数（个） | 自由支配支出（亿美元） | 强制支配支出（亿美元） | 合计（亿美元） | 园均支出（万美元） |
|---|---|---|---|---|---|
| 2004 | 388 | 22.67 | 2.93 | 25.60 | 659.88 |
| 2005 | 388 | 23.62 | 3.16 | 26.78 | 690.19 |
| 2006 | 390 | 22.58 | 3.38 | 25.96 | 665.53 |
| 2007 | 391 | 22.90 | 3.76 | 26.65 | 681.71 |

---

[1]　李经龙 等.美国国家公园体制的发展经验概述及启示［J/OL］．http://www.xzbu.com/7/view-7342930.htm，2016-02-04

续表

| 年份 | 国家公园数<br>（个） | 自由支配支出<br>（亿美元） | 强制支配支出<br>（亿美元） | 合计<br>（亿美元） | 园均支出<br>（万美元） |
|------|------|------|------|------|------|
| 2008 | 391 | 23.90 | 4.04 | 27.94 | 714.68 |
| 2009 | 392 | 25.32 | 3.91 | 29.23 | 745.56 |
| 2010 | 394 | 27.55 | 4.08 | 31.63 | 802.70 |
| 2011 | 397 | 26.11 | 3.92 | 30.03 | 756.52 |
| 2012 | 401 | 25.80 | 4.33 | 30.14 | 751.33 |
| 2013 | 401 | 27.86 | 4.21 | 32.06 | 799.54 |
| 2014 | 401 | 25.60 | 4.24 | 29.84 | 744.08 |

资料来源：National Park Service. Fiscal Year 2014 Budget Justifications and Performance Information.

与美国国家公园系统的管理经费相比，我国自然保护区的管理经费严重不足，这是导致我国自然保护区管理机构管理能力和效率低下的重要原因。中央政府把国家级自然保护区的管理责任委托给地方政府，而地方政府缺乏经费上的保障，未给予相应的足够经费，至今很多省份尚未建立自然保护区经费主渠道。

我国自然保护区体制对国家级保护区的管理给予地方太多的责任，而中央财政却缺乏应有投入。自然保护区多处于经济相对比较落后地区，地方政府不能保障对于自然保护区的有效投入，自然保护区在设立后的建设、保护与管理方面常常没有应有的资金保障。加之我国本来在自然保护区方面的经济投入就少，这种管理级别和管理职能行使的错位导致保护区常处于不能充分管护的状态。另外，经费来源范围狭窄，对政府投入的依赖性大也是经费不足的又一原因。

由于经费严重入不敷出，在西部的保护区管理单位中，超过 80% 被迫走上以自养补不足之路，管理与经营混于一体。目前，西部保护区中已有超过 40% 开展旅游经营，而其中半数以上已经造成资源破坏。还有 10% 左右的保护区参与林业、矿业等开发。

# 第四节　立法和法规体系建设比较

从法律保障来看，国家公园重视完善管理的法律依据和保障。与美国国家公园系统管理体制相比，我国自然保护区管理存在以下显著的立法和法规体系的缺陷和不足。

首先，与美国国家公园系统相比，我国为自然保护区专门立法的法律效力位阶低，缺高位阶的综合性立法。美国国家公园系统由国会通过的综合性专门立法包括《国家公园管理局组织法》（ *1916 Organic Act* ）及其修正案，国家公园建立的《授权法》（ *Enabling Legislation* ），《原野地区法》（ *1964 Wildness Area* ），《原生自然与风景河流法》（ *1968 Wild and Scenic River* ），《国家风景和历史游路法》等，而我国则缺乏这样的高位阶综合性专门立法，《中华人民共和国自然保护区管理条例》（以下简称《条例》）是我国目前最高阶位的综合性自然保护区法规，属行政法规性质，而非人大立法。

在自然保护区管护中，现行有关法律法规既不能起到统领其他相关法规的作用，也不能担当有效地和其他部门法律相协调的重任。同时，我国关于自然保护区的其他专门立法多为行政规章或政策性规范，从而使得自然保护区方面的立法整体相对较弱。

其次，我国自然保护区的立法目的滞后，调整范围狭窄，不能适应自然保护需要。《条例》规定所界定的保护范围不清楚，保护涉及的面过于狭窄，没有将生物多样性、国家生态安全等方面概括进去。立法追求的目标过于单一，没有突出保护自然环境之外的其他目的——保障国家生态安全、实现人与自然和谐，促进经济社会全面可持续发展。另外，保护区分类不科学、保护范围也过于狭窄。

最后，我国自然保护区在经济、自然和社会协调方面，缺少全面协调、可持续发展的立法思想。如《条例》对经济欠发达地区自然保护区投资和扶持、对必须搬迁人口的补偿资金来源、占用自然保护区土地的补偿等也没有做出明确具体的规定。在调整范围上未能充分考虑保护区原住民的利益，也缺少区域与区域之间利益的平衡机制。

# 第五节　土地所有权管理比较

从土地所有权管理来看，国家公园多数土地已收归国有、无土地纠纷，而自然保护区存在较多土地确权争端。

与美国土地私有制相比，我国土地国有或集体所有的性质是我国的一大优势。从理论上讲，这有利于更有效地促进自然资源的公益管理和保护，但是，实际的情况却是我国自然保护区存在大量土地确权争端。

美国国家公园基本上保证了土地的联邦所有性质，在遇到土地权或土地上的权益冲突情况时，常常采用土地或权益征收的方式以保证土地所有权的唯一性。

我国自然保护区也非常强调保护地的地域勘定和土地的所有权归属，把"划界立标"和规范土地权属工作列为保护地保护、管理、建设的重要内容，如根据我国《自然保护区管理条例》，我国计委、财政部、国土资源、环保、农业、林业、建设七个部门联合发出的《关于进一步加强自然保护区建设和管理工作的通知》中就提出了加强国家级自然保护区的"划界立标"和规范土地权属的工作，由环保部门负责土地划界立标和土地确权工作的职责分工，主要负责综合协调和督促检查；自然保护区管理部门负责具体落实；国土部门负责土地确权登记等专门管理工作。

然而，尽管如此，保护区土地权属问题依然是我国自然保护事业中的一个典型难题。我国很大一部分保护区没有落实土地资源的所有权或使用权，虽然很多保护区的当地政府也下发了土地划拨的文件或颁发了土地使用权证书，但土地使用权依然得不到落实。个别保护区的土地权属频繁变动，经常性地引发一些人为的利益纠纷。

没有土地的使用权或经营管理权，管理机构对保护区内土地开发利用及部分生产经营活动没有管理权和控制权，这使得保护管理工作举步维艰，保护区功能不断退化。

并且，由于保护区无土地权属，使得保护区的统一管理难以实现，管理机构只有权对保护区境内飞行的鸟类等陆生野生动物进行管理，对其栖息的水域、沼泽、滩涂等土地资源无权进行管理，而关涉湖泊、沼泽、滩涂等土地资源管理的渔政、农业等部门或单位，以及周边社区部分村组，从本部门或个人的利益出发，大肆掠夺性地开发保护区资源以满足自身的经济利益。保护区范围内的土地经常受到来自当地居民或有关单位的开垦占用，进行种、养殖业的开发。

还有的地方存在自然保护区与风景名胜区、森林公园、地质公园相重叠的情况，使得自然保护区的管理工作困难重重。

从与美国国家公园系统的土地管理做法的比较中，我们可以发现我国自然保护区在土地确权做法方面的不足：

第一，我国自然保护区的确权工作缺乏立法和法规体系的保障。

我国1994年颁布的《中华人民共和国自然保护区管理条例》是我国自然保护区工作的专项行政法令，该条例没有对自然保护区土地权属问题做出解释；此后国家土地管理局和国家环境保护局依据《中华人民共和国土地管理法》《中华人民共和国环境保护法》和《中华人民共和国自然保护区管理条例》共同颁布了《自然保护区土地管理办法》，对自然保护区土地所有权和使用权做了相对详细的解释，但有很多局限性，如将保护区管理机构定位为土地的使用者，而非代表国家对土地及其之上的权益的管理者，这种定位是存在误区的。

第二，我国自然保护区的"划界立标"工作缺乏科学决策依据

保护生物多样性和自然与生态系统的完整性是美国国家公园系统和我国自然保护区管理的共同目标。美国国家公园系统的"划界立标"以详细的生态系统考察和科研为依据，而我国则缺乏"划界立标"决策的科学依据，随意性和盲目性较重。

由于缺乏科学研究，致使边界不合理，一些保护区没能够将其保护对象需要的栖息地类型包括在保护区内，如陕西牛背梁保护区的边界位于海拔2100米，没有包括其保护对象羚牛的冬季栖息地；陕西太白山国家级自然保护区的保护对象是温带森林生态系统，但是由于保护区的界限海拔过高，没有将侧柏—栓皮栎林的植被类型包括在内。

第三，缺乏宏观指导的土地征用办法/计划和微观层面的土地征用实施方案，操作的模糊性大

土地权属冲突在美国国家公园管理过程中并不少见，在有充分立法法规支持的基础上，国家公园管理局制定有一些宏观的指导常规土地征用的办法，依据这一办法，针对单个国家公园土地征收案例再制订具体的操作方案，使土地征收如期完成。

我国自然保护区缺乏宏观系统的土地征用指导文件，而在实际土地征收中也没有制订具体的实施方案。

第四，没有配套自然保护区土地征用专项基金

虽然拥有土地权属是新建保护区必备条件之一，在申报过程中，根据建立保护区的资格条件需要，当地政府做出了土地划拨的文件或使用权证书，经过评审、审批建立保护区后，保护区土地权属却往往难以落实到位，这其中很大程度上是缺乏土地征收资金导致的。

自然保护区权属问题所需的经费主要涉及土地征收、租赁以及原土地权益持有单位或人员的撤销、安置、补偿等方面的费用，对此，地方政府往往没有能力也没有动力提供经费。

# 第六节　资源管理比较

在资源管理方面，国家公园的分区分类管理更科学、更灵活，而自然保护区的同心圆模式相对僵化，适用性有限。

从类别上看，美国国家公园系统的资源可以分为自然资源和文化资源两大类型，同时又可以细分为20多项管理类别，如国家公园、国家战争公园、博物馆、历史纪念地等，这些分类的产生很大程度上是美国国家机构改革、责任归并的结果，也有的是根据资源本身的特质而专门建立的，这些分类基本上都有立法依据，如《原生及风景河流法》《国家历史保护法》《国家步道法》《荒原法》等。这一分类是一个开放性的以管理为对象的分类方式，管理类别不同，管理政策和规划制定也有所差异，可以随着新的资源类型的出现而增加。

美国国家公园非常注意对自然环境的保护，有许多针对性的环境保护措施和相关制度。国家公园除了必要的风景资源保护设施和必要的旅游设施，不搞任何开发项目。公园内不许建造高层旅馆、餐馆、商店、度假村、别墅、游乐场，更不能建造旅游城镇，只允许建造少量的、小型的、朴素的、分散的旅游生活服务设施，且生活服务设施必须远离重点景观的保护地。园内的建筑形式多采用地方风格，力求与当地自然环境和民情风俗相协调。

在国家公园内有很好的环境保护措施，没有任何工业、农业生产厂房或仓库。公园内有污水处理厂和垃圾转运站。国家公园内不许建造索道缆车。公园内车道选线十分慎重，不得破坏自然景观和资源。野生动物在园内来去自由，但游人不能喂食，不能追捕猎杀。

与美国严格的资源管理形成鲜明对比的是，我国某些地方政府在成立公园管理机构之后，又成立了"开发投资公司"，导致政府既是公园管理主体，又是投资和经营主体。公园的主要任务之一是要"保护区内的自然资源和生态环境"，管理机构是这一任务的执行角色。"开发投资公司"的任务是开发旅游项目和产品，追逐经济效益，一个主保护，一个主开发，矛盾就从自身产生。

从规模上看，在单个国家公园管理单元的建立之前，美国国家公园都必须经历一个充分的论证和调查过程，其规模的确定也是基于科学考察和研究的结果，具有科学性和可操作性。

与之相比，我国自然保护区的分类类型仍较为不足。我国于1994年颁布实施的国家标准《自然保护区类型与级别划分原则》的（GB/T 14529—1993），将自然保护区分为3种类别9种类型，分别为自然生态系统类（包括森林生态系统类型、草原与草甸生态系统类型、荒漠生态系统类型、内陆湿地和水域生态系统类型、海洋和海岸生态系统类型）；野生生物类（包括野生动物类型、野生植物类型）；自然遗迹类（包括地质遗迹类型、古生物遗迹类型）。

这是以自然因素为主导，以主要保护对象为划分自然保护区类型的分类方式，经过20多年的实践，证明它适应我国地域广阔、地理环境复杂、生物多样性丰富的国情，充分体现其科学性、合理性和可操作性。

但目前，我国的保护区类型与单个保护区并没有建立起必然联系，也没有与保护区的管理措施建立起直接的联系。在其具体应用上，其内容也存在模糊的认识，因为常常在实践操作中出现两个或两个以上的主导因素并存的现象，这使得类型划分失去了意义，为研究保护措施和规划内容造成了困难，严重阻碍了自然保护区的功能全面发挥。

# 第七节　规划决策管理比较

在规划决策管理方面，国家公园强调围绕管理计划和技术标准体系展开，而自然保护区的建设管理多围绕上级宏观决策展开。

美国国家公园系统规划决策是一个联系公众、个体、公园管理者以及公园工作任务和评价的制度体系，非常注重科学性和规划性。大到国家公园管理局宏观管理计划，小到一个公园管理单位的管理计划，从国家公园建立的可行性研究报告，到公园厕所的选址，所有决策都必须以科学的调整性分析（alternative analysis）为基础，在通过充分的科学论证和广泛的公众参与讨论建议之后才能完成。

除了自身优良的队伍及其管理能力建设，国家公园管理局还有着大批的志愿者队伍参与公园的管理。除此之外，管理局与科研机构、学校、企业等单位都建立了良好的合作关系，充分调动了社会力量，帮助国家公园决策向科学、健康的方向进步。

我国自然保护区也较为重视决策的规划性。绝大多数国家级自然保护区还认真编制并组织实施了总体规划，加强了管护基础设施和能力建设，提高了管护水平和管理成效。

但目前我国自然保护区管理的规划、科学和民主程度还比较低，除国家级自然保护区外，多数家底不清，总体规划和功能区划工作基本没有展开，科研宣传和基础设置工程跟不上。自然保护区本应是我国开展多学科、科学研究、教学实习、科普宣传以及探索生物资源、合理利用的重要基地，但是自然保护区内的科学研究还没有广泛开展起来。

造成这一局面有多个原因，但是归根结底都是管理能力不足造成的：

第一，我国自然保护区的专业科技人员严重不足，缺乏各种形式的业务培训，这是开展保护区管理工作的主要障碍。

第二，自然保护区的科学研究非常薄弱，管理和科研条件差，导致自然保护区的管护能力和水平比较低。

第三，我国自然保护区缺乏社区参与的管理机制，其管理得不到地方社区的支持。

第四，我国自然保护区能够调动的社会力量支持和范围小。

目前虽然很多国际性的保护组织和我国自然保护区展开了各种促进自然保护区管理能力提升的项目，但是这股力量还不足以改变整体管理能力低的现状。

# 第八节　总结

综上分析，可以看到我国自然保护区管理体制与美国国家公园管理体制相比，具有较大差别。建立国家公园体系在一定程度上可以弥补当前我国经济发展中存在的资源保护与开发的矛盾。

因此，推广国家公园模式对化解当前我们面临的经济发展与环境保护矛盾，推动可持续发展具有重要意义。当然，虽然美国国家公园体制在各方面都体现了先进性和科学性，但其依然因其本土特点，面临着很多问题和挑战，如资源开发利用威胁、员工福利、美国人口多元化威胁等问题。在学习和借鉴国家公园经验的同时，应立足于我国国情，创新发展，这样才能真正促进我国自然保护事业向正确的方向发展。

# Part 8

# 第八章　我国国家公园体制
# 建设路径解析

　　我国自然保护区管理的长期目标是保护自然环境和自然资源，促进人与自然和谐发展，保障经济的可持续发展。近年来，我国自然保护区的数量和面积都得到了快速的增加，但与此相比，保护区的管理却显得过于滞后。

　　长期的实践表明，建立自然保护区，扩大总体保护面积固然重要，但健全和完善管理更为关键。自然保护区的建设和发展要依靠管理，只有不断提高和完善管理水平，才能稳步推动自然保护区事业走上可持续发展的轨道。

## 第一节　国家公园在内的新型自然保护地体系建设建议

### 一、重塑自然保护区的管理定位，明确国家公园确立标准

　　我国自然保护区存在严重的管理定位模糊、表里不一的问题。有数据显

示，"按照世界自然保护联盟（IUCN）对保护区的分类，全球需要严格保护的保护区仅占全球保护地的 16%。我国已建的保护区要是按《保护区管理条例》需要严格保护的比例高达 71.25%，居世界第一。而据世界保护监测中心（WCMC）1999 年对中国 608 个自然保护区的调研，根据国际标准，中国自然保护区需要严格保护的仅占 7%"。

而世界经合组织（OECD）认为中国的自然保护区属世界自然保护联盟保护地分类的第 III – IV（自然纪念保护地和栖息地／植物种类管理区），也就是说按国际标准中国没有严格意义上的自然保护区；也有学者认为"中国 80% 以上的自然保护区都在开发旅游"（罗菊春，2013），这些数据和观点从一个侧面反映了我国自然保护区在管理目标和定位上的矛盾和模糊状态，也表明我国对国际标准"严格保护"定义的理解存在偏差。

对此，我们必须对自然保护区的管理定位作反思和重塑，并明确国家公园的定位和设立标准，以类型细分的手段把那些不需要定位为"严格保护"的保护区释放出来，发挥其生态、社会和经济效益；把需要"严格保护"的保护区扎实、严格地保护起来，只为科学研究和（或）环境监测服务；把需要设立为国家公园的地区明确出来，发挥其国家性和公益性的功能。

## 二、对现有自然保护地进行空间与功能整合，保证其与国家公园相协调

对现有自然保护地进行空间与功能整合，构建事权分配合理的国土生态安全体系，形成占国土面积 1/5 左右的自然生态空间，初步构成国土生态安全体系。

梳理全国所有的自然保护地，按照自然生态系统完整性、原真性的要求，科学规划，整合建立 100 个左右的国家公园实体，面积占国土面积的 5%~8%；符合条件的自然保护区、森林公园、湿地公园、沙漠公园、草原公园、海洋公园等自然保护地可以被整合进入国家公园，不再保留原来的牌子。没有进

入国家公园的国家级自然保护区合理调整边界范围和功能区划，由目前的 446 个减少为 200 个左右，面积约占国土面积的 5%。

国家公园和国家级自然保护区要涵盖所有重要的有代表性的自然生态系统和关键物种，构成基本生态安全屏障的骨架，构建生态空间的"四梁八柱"，定位为中央事权，土地国有，人员和机构垂直管理，经费由国家财政支持，成为国土空间里的永久性绿色基础设施。其余的包括省市级自然保护区、森林公园、湿地公园、沙漠公园、自然保护小区等在内的次一级自然保护地，数量众多，可以达到 1 万个左右，分布广泛，面积约占国土面积的 10%，作为自然保护地体系的补充，主要定位为地方事权，管理相对灵活，充分调动地方的保护积极性[①]。

## 三、完善国家公园相关的立法和法规政策指令体系的建设

首先，设立针对国家公园的高层次综合性专项立法，解决当前自然保护区方面的立法整体较弱、立法法律效力位阶低、无高位阶综合性立法统领其他相关法规的问题。该综合性专项立法必须明确的问题包括：

第一，立法的宗旨和思想。

规定国家公园综合生态功能保护与管理的法律地位，将国家公园保护与管理的权益保护问题放在社会经济发展的框架下综合考虑，促进人与自然和谐发展的可持续发展思想；从中国国情出发，强调国家公园对社区经济、自然和社会协调发展的责任，充分考虑保护区社区民众的基本权益。

第二，国家公园管理的目标、原则、组织形式等基本问题。

第三，立法的范围。

应对广泛涉及国家公园管理的各个方面作宏观规定，如保护区入选标准、经费来源、土地征收与征用、规划、资源使用、员工管理与服务等。

---

① 唐芳林，王梦君.以国家公园为代表的新型自然保护体系［N/OL］.中国绿色时报，2017-08-03. http://news.sina.com.cn/o/2017-08-03/doc-ifyiswpt5069823.shtml#

其中应作为立法内容重点解决的问题包括：当前保护区土地确权问题；当前保护区管理权属和执法主体问题；当前保护区经费来源问题；当前保护区与社区关系问题。

其次，必须尽快建立健全我国国家公园的法规政策指令体系，逐级指导国家公园的各项管理工作，自上而下，逐级确责和问责。根据我国现行法律体系和行政法渊源，国家公园立法和管理可以按照"宪法—法律—行政法规—部门规章、地方性法规、地方规章—规范性文件"层次来构建，并与现有自然保护区相关法律做好衔接。

第一，宪法层次。

目前，我国宪法已明确规定所有的资源归国家所有，国务院代表国家对国有资源实施所有者权力。同样，宪法中对土地资源的所有者权属、管理权限做了明确的规定。这为我国国家公园立法奠定了法律基础。

第二，国家公园法层次。

即前述高阶位专项立法。

第三，国家公园管理条例层次。

国家公园管理条例应在自然保护区法的指导下制定，是国务院作为国有资源所有权人代表为贯彻实施自然保护区法而制定的一个针对性、实用性、操作性更强的行政法规。它是对资源法确立的法律思想、法律原则、法律条文的贯彻和细化，并要对其代理的权威部门的代理范围作明确规定。同时，条例要对其代理的权威部门及派出机构、国家公园管理机构的权责范围作明确的界定。

第四，部门规章、地方性法规、地方规章层次。

部门规章、地方性法规、地方规章是在宪法、国家公园法、资源管理条例规定范围内针对本系统、本行政区域内的国家公园管理实际制定的相关法规和规章。

第五，管理制度层次。

是国家公园产权部门的派出管理机构和日常管理机构为贯彻落实国家公

园法律、法规和国家有关政策，针对资源的管理实际制定的各类规范性文件。

## 四、所有权、管理权与经营权分离，建立和完善特许经营制度

我国当前自然保护区的所有权主体是国家，国务院代表国家行使自然保护区所有权，各级政府和部门在各自职权范围内对现有自然保护区实行分级管理，看似产权清晰，但由于所有者代表多元化、多环节化，致使国家唯一的产权受到条块分割，国家作为自然保护区的权力主体的地位被弱化，甚至被地方利益和部门利益所侵害，自然保护区的价值补偿和价值实现困难。

同时，由于所有者代表缺乏监督，致使一些地方或部门既代表国家行使自然保护区的资产管理权，又行使自然保护区的开发经营权，由此造成权力腐败和国有资产流失。

所以，必须对现有的自然保护区委托代理制进行重新构建，推进国家公园体制的所有权与管理权、经营权分离，使国家公园的所有者代表、管理部门和经营企业各司其职，相互监督，共同实现国家公园保护与管理目标。

1965年美国国会通过的《国家公园管理局特许事业决议法案》，规定国家公园管理机构不得从事商业性经营活动，公园内商业经营项目通过特许经营的办法委托企业经营，管理机构从特许经营项目收入中提取一定比例的费用用于改善公园管理。国家公园管理机构是纯联邦政府的非营利性机构，专注于自然文化遗产的保护与管理，日常开支由联邦政府拨款解决。特许经营制度的实施，形成了管理者和经营者角色的分离，避免了重经济效益、轻资源保护的弊端[①]。

实行特许经营是实现管理权和经营权分离、明确保护区管理机构"管家"位置的一种良好方式。实施特许经营，首先，必须明确保护区内资源经营权的界限，在此基础上做到依章行事。如美国的经营权界限有明确的规定，仅限于副业——提供与消耗性地利用遗产核心资源无关的后勤服务及旅游纪念品，同

---

① 未知 . 美国国家公园如何管理［EB/OL］. 2016-10-13.http://epaper.rmzxb.com.cn/detail.aspx?id=391496

时经营者在经营规模、经营质量、价格水平等方面必须接受管理者的监管。

其次，特许经营的开展最好有法可依。1965 年，美国国会通过的《国家公园管理局特许事业决议法案》，要求在国家公园体系内全面实行特许经营制度，即公园的餐饮、住宿等旅游服务设施及旅游纪念品的经营必须以公开招标的形式征求经营者，特许经营收入除了上缴国家公园管理局以外必须全部用于改善公园管理。

这样既做到了管理者和经营者分离，避免了重经济效益、轻资源保护的倾向，又有利于筹集管理经费、提高服务效率和服务水平。建议借鉴美国经验，对我国国家公园特许经营机制进行专项立法。

## 五、梳理调整后的国家公园管理局的监督及管理职责

为加大生态系统保护力度，统筹森林、草原、湿地监督管理，加快建立以国家公园为主体的自然保护地体系，保障国家生态安全，我国已于 2018 年将国家林业局的职责，农业部的草原监督管理职责，以及国土资源部、住房和城乡建设部、水利部、农业部、国家海洋局等部门的自然保护区、风景名胜区、自然遗产、地质公园等管理职责整合，组建国家林业和草原局，由自然资源部管理。

同时，国家林业和草原局也已加挂国家公园管理局牌子，负责监督管理森林、草原、湿地、荒漠和陆生野生动植物资源开发利用和保护，组织生态保护和修复，开展造林绿化工作，管理国家公园等各类自然保护地等。

但目前，我国自然保护区管理多部门职能交叉和重复的现象仍旧存在，这不仅对自然保护区的管理效率不利，同时也是浪费社会资源的一种表现。美国国家公园系统发展史上就出现过两次重要的为了精简机构、提质高效的保护地归并改革。我国理应继续加快进行自然保护区归并、管理职能归并、机构归并和人员归并工作，尽快理顺国家公园管理局的管理格局，理顺保护区管理与行政区划管理之间的关系，明确各类、各级保护区的主管部门和执法主体，明确自然保护区管理的监督机制。

## 六、建立面向管理的新型自然保护地体系

与美国国家公园系统类型分类和入选标准相比，我国当前自然保护区的类型划分和入选标准存在很多缺失和不足。

我国自然保护区的类型划分方法是以保护区对象为准则，而非以管理对象为准则，这种划分方式不仅没有从生物多样性保护、气候带、自然地理区、植被类型等多个角度覆盖所有的生态单元，而且常常导致一个自然保护区内发生多种类型重叠的现象，使分类失去意义。

更为不利的问题是，这种划分方式导致了类型与管理脱钩的问题，使分类不能为保护区管理带来直接的帮助。我国新型自然保护体系建设中应进一步调整和重视自然保护区与国家公园的科学分类，从面向管理的角度对自然保护地体系进行分类。

## 七、建立包括国家公园在内的自然保护区与周边区域的良性互动机制

包括国家公园在内的自然保护区社区的发展程度直接关系到其本身的建设和管理。自然保护区与社区是一荣俱荣、一损俱损的"孪生兄弟"，保护区只有根据社区居民生存发展的需要，通过促进和参与利益共享，来发展自然保护区产业，提高社区居民的生活水平。

由于历史上的原因，我国的多数保护区在设立时客观存在缺陷：

一是很少做深入的调查研究和征询周边村民意见，因而不少的保护区还把村民的集体林、自留山、责任山甚至耕地划入了保护区。

二是多数没有与村民办理土地、林地征用手续。

三是更没有给占用村民土地、林地以任何补偿。

四是设立后，当地村民无法利用自然保护区内资源，不能随便动用保护区内的一草一木的规定，影响了村民的生产和活动。

五是现行的把村民当成防范对象的保护区保护理念，保护与管理效率不

高，许多地方经常发生保护区官员与当地社区村民之间的矛盾、冲突①。

我国国家公园管理改革必须正确处理与社区的问题和冲突，将保护区的保护与管理纳入区域经济发展的背景下思考，建立保护与利用的评价监督机制和保护区与社区民众间的良性互动机制，促进保护区的保护管理及社区的可持续发展。具体的措施包括以下几方面：

第一，对保护区社区对资源的传统利用方式的可持续性进行评估，允许那些不会对保护区生态系统造成无可挽回的损害的利用方式，并建立相应的监督机制。

第二，制定土地补偿和征收方法及计划。

第三，通过政府补贴的方式，把一部分自然保护区内及其周边社区农民转变为生态保护民。

第四，推行以社区基金为纽带的社区共管，实现保护区保护和社区发展的"双赢"，如 WWF 资助的"云南省西北部的白马雪山国家级自然保护区综合保护与发展项目（ICDP）"，全球环境基金（GEF）/联合国开发计划署（UNDP）资助的"中国云南省山地生态系统生物多样性保护示范项目（YUEP 项目）"等。

第五，有组织地开放保护区保护，吸引民间力量参与保护。

只有社区的经济发展了，居民直接利用自然资源的程度降低了，自然保护区才能达到保护自然的目的，同时也有助于缓和社区矛盾，使周边群众和社区从自然保护区的潜在破坏者变成共同管理者，把孤立的生态系统变成开放的经济社会生态系统，从而达到长期有效可持续发展的目的。这需要政府在基础设施建设中制定特殊政策，予以大力扶持，为自然保护区的经济和社会发展奠定坚实的基础。在提倡保护环境时应避免绝对化，可在不破坏资源的情况下合理有效地利用，做到经济利益和生态效益的兼顾。

总之，自然保护地体系应该通过建立社区共管机制，在一些试验区内开展生态旅游、多种经营等自然资源的合理利用方式，指导和带动社区群众脱

---

① 未知 . 1000 多万自然保护区贫困农民亟待扶持［EB/OL］. 2007-12-26.

贫致富，促进地方经济发展，实现保护与发展的有机结合。

## 八、建立自然保护教育宣传基金，加强国民对自然保护事业的认知

美国国家公园被认为是美国统一的国民意识的"证据"，值得美国人民为之感到自豪，这是美国国家公园得以稳固发展的基石。美国在一片荒野之中建立起了国家，自然资源在激进的以经济发展为目标的西部运动和工业化进程中不断流失，民众对不断消失殆尽的荒野和自然的惋惜在文学和艺术宣传攻势下被激发了出来，这些情感的累积使国家公园的产生成为必然。

而与之相比，我国绝大多数的民众对本国自然资源状况的认识可谓微乎其微，更不用提与之培养情感。这其中固然有教育水平和经济贫困等因素限制，但是缺乏对民众广泛宣传资源价值和重要性是一个主要的原因。

国家应明确规定增加对国家公园及各保护区方面的投资，特别是增加在管理机构的人员工资、运行费用、科研等方面的投资，并确保其有足够的财力按照现行土地和移民安置法规的要求落实对受影响社区居民的补偿。

《自然保护区管理条例》第四条、第二十三条规定了自然保护区发展的计划与经费问题，但是没有明确由哪一级政府解决。根据我国自然保护区分级管理体制，国家级自然保护区建设和管理经费由中央财政支付，地方级自然保护区的经费由相应的地方财政支付。

《建立国家公园体制总体方案》中已经明确，建立以财政投入为主的多元化资金保障机制。中央政府直接行使全民所有自然资源资产所有权的国家公园支出由中央政府出资保障。委托省级政府代理行使自然资源资产所有权的国家公园支出由中央和省级政府根据事权划分分别出资保障。

现在，一些保护区虽然可以获得生态公益林补偿基金，但是来自国家、地方政府的资金非常有限，不可能满足保护区对经费的各种需要。因此，需要考虑多种手段偿付保护区内的环境服务。

另外，国家应制定野生动物致人伤亡及毁坏农作物和其他设施的补偿政

策，并明确补偿资金的来源，以使保护区内及周边社区因野生动物而受到损害的群众得到相应的补偿①。

同时，我国应建立自然保护的专项教育基金，全面宣传我国自然保护事业的重要性和价值，增强民众对保护地的认识，从而培养民众对自然保护区的民族情感和自豪感。

在科学论证、规划指导、设施先行的条件下，适度开放一些国家公园和自然保护区及其中部分区域，正面宣传和鼓励自然保护区的适度和可持续旅游方式，鼓励民众接近自然，将区域内保存较完好的生态系统、珍稀动植物、特殊自然遗迹和自然景观展示在公众面前，为公众提供良好的休闲旅游场所，使其成为人与自然和谐共存的重要载体。

## 九、建立国家公园及自然保护区科研机制，强调决策的科学性

美国国家公园系统内外都有大量的科学家，对国家公园的设立、规划、保护、利用和管理进行了长期的研究。他们围绕着"为什么设立、设立范围"或"保护目标、范围、方法和措施"，进行了大量的研究论证，为国家公园各层级决策者提供了充分的科学依据。

来自政府和非政府的各类研究基金，都能有效地用于生物多样性保护、生态保护和恢复、外来物质入侵、病虫害防治方法、火灾控制方法、资源利用方式、保护监测方法以及历史文化资源等方面的研究，使各项管理工作具有很高的科技含量。

美国在国家公园管理中贯彻的思想始终是：保持资源的真实性、完整性，做到可持续利用是主要目的。"不规划自然、尊重自然规律"，是美国建设和管理国家公园的重要指导思想②。

---

① 未知. 我国自然保护区建设现状与问题［EB/OL］. 2014-11-08. https：//wenku.baidu.com/view/b211ba5d87c24028915fc3f9.html

② 未知. 美国国家公园如何管理［EB/OL］. 2016-10-13. http://epaper.rmzxb.com.cn/detail.aspx?id=391496

我国目前自然保护区管理机构有着"组织或者协助有关部门开展自然保护区的科学研究工作"的责任，很多自然保护区管理机构与院校或科研院所联合建立了自然保护区科研机构，加强自然保护区政策、基础和应用研究，取得了很多的成果，促进了自然保护区的建设管理。

一些管理机构也积极与院校和科研机构开展合作，发挥各自优势，共同开展研究和调查工作，提升了自然保护区管理的科技含量。各地、各自然保护区也建立了一些生态监测站点，加强生态监测，及时掌握自然保护区生物资源和生态环境的变化情况，为科学管理提供依据。

但是，总的来说，我国自然保护区和国家公园目前还没有建立起完善的科研机制，科研水平和能力整体较弱，科研跟不上管理决策需求的步伐，科研不能很好地为保护区管理监督考核服务的现象普遍存在。必须从制度层面出发，建立自然保护区及国家公园的科研机制，促进科研对决策管理和监督的服务功能。

# 第二节 国家公园建设的路径探索——以云南省为例

"云南在哪里？在最美丽的地方——当人们还不明白什么是美丽的时候，云南就已经美丽着了；当人们知道什么是美丽的时候，云南就更美丽了！在世界的经验之外，在人类的向往之中，云南就是这样的地方……"

——费嘉（已故云南诗人）《彩云向南最妖娆》

## 一、先试先行——云南省国家公园的探索实践

云南地处我国西南边疆，是全国重点林区，也是生物多样性最富集的地区，生态区位十分重要。为了丰富和完善生态保护体系，缓解生态保护与经济发展之间的矛盾，1996 年云南省林业部门就开始探索建设国家公园。

经过 10 多年的研究准备，2006 年云南省政府决定建设国家公园。2007 年 6 月 21 日，依托碧塔海省级自然保护区在迪庆藏族自治州建立的香格里拉普达措国家公园由时任云南省省长秦光荣主持揭牌成立，这标志着中国大陆第一个真正意义上的国家公园建立，拉开了云南省国家公园建设的序幕。

在普达措国家公园，园内禁止外来汽车进入，游客统一乘坐环保车辆；步行栈道采用架空设计，给动物留下了迁移通道。"以前村民牵马拉游客，把草甸搞得一塌糊涂，马粪还污染了碧塔海，鱼都死了。现在不牵马了，草甸和湖泊都很好地保护起来[①]。"

普达措国家公园自 2006 年 8 月开始试营业至今，为提供国民环境教育和促进当地经济发展起到了积极的作用，取得了巨大的社会、经济和环境效益。普达措国家公园的建设直接促成了欧盟和美国大自然保护协会等国际组织和专家对云南国家公园建设的支持，加快了云南省国家公园的建设步伐。

2014 年 10 月 9 日，云南省政府法制办公布《云南省国家公园管理条例（草案）》，面向社会公开征求意见[②]。此外，云南借鉴国际理念和规范，编制了《国家公园基本条件》《国家公园建设规范》等一系列地方标准，为国家公园建设和管理提供了操作指南。

在功能定位上，云南提出，国家公园具有保护、科研、游憩、教育和社区发展五项功能。划定严格保护区和生态保育区，以实现对生态环境的有效保护；将景观优美区域划为游憩展示区，可开展游憩、科普展示、环境教育和游客服务等活动。

在管理体制上，云南省林业厅成立云南省国家公园管理办公室，负责国

---

① 杨云安."国家公园"云南试点：保护与发展共赢［EB/OL］.中央政府门门户网站，2014-04-28. http://www.gov.cn/xinwen/2014-04/28/content_2667960.htm

② 徐前，朱红霞.云南已建成 8 个国家公园走在全国前列［N/OL］.云南日报，2014-11-01. http://yn.people.com.cn/news/yunnan/n/2014/1101/c228496-22780001.html

家公园规划、管理和监督。国家公园的设立，由云南省政府审批并报国家林业局备案。获得批准的国家公园，由州（市）政府成立专门的管理机构。对国家公园内的经营活动，采用"管经分离、特许经营"，提取部分门票收入反哺社区[①]。

同时，各个国家公园建立了相应的监测设施，组建科研队伍或委托科研机构，分别开展了高山湖泊调查、生物多样性监测、鸟类资源调查、游客对国家公园影响等科研项目。通过生态旅游和科普展示，国家公园为游客、从业人员和社区居民提供了环境教育。

"依托自然保护区是必需的。"云南省林业厅副厅长万勇表示，"国家公园的前提是具有保护价值的自然资源，而我国最重要的生态系统、最珍稀的物种资源、最宝贵的自然景观，都在自然保护区里面。"

截至 2015 年，云南省按照"研究—试点—规划—标准—立法—推广"的步骤，先后建立了迪庆普达措（2006 年）和梅里雪山（2009 年）、丽江老君山（2011 年）、西双版纳热带雨林（2009 年）、普洱太阳河（2011 年）、保山高黎贡山（2011 年）、红河大围山（2012 年）、临沧南滚河（2015 年）8个国家公园。这 8 个国家公园投资达 14.02 亿元，其森林生态服务功能价值为每年 797.3 亿元。

截至 2015 年年底，云南国家公园累计接待游客 3496 万人次，旅游收入达 35.4 亿元；同时，8 个国家公园的建设为周边社区群众提供了工作岗位 1169 个，国家公园每年用于社区补偿和社区项目扶持的直接资金投入达 3000多万元，周边群众从事相关管护工作获得的工资性收入每年达 3000 多万元。社区居民不再以打猎、砍树或毁林开荒为生，而通过多个渠道从国家公园受益，如导游、餐饮和生态补偿等。

如今，云南国家公园建设成果已初步显现：有效地保护了生态自然资源，

---

① 杨云安."国家公园"云南试点：保护与发展共赢 [EB/OL]. 中央政府门门户网站，2014-04-28. http://www.gov.cn/xinwen/2014-04/28/content_2667960.htm

取得了良好的生态效益；促进了旅游产业的发展，取得了良好的经济和社会效益；开展了一系列科研和科普教育活动，增强了公众生态环境保护意识；促进了民族团结和边疆繁荣稳定，带动了社区和谐发展，群众得到了实惠；树立云南保护生态负责的良好形象，获得了国内外的广泛认同和支持。云南省通过探索形成了一套较为成熟的国家公园建设模式，国家公园保护、科研、教育、游憩和社区发展 5 大功能逐步得到体现。按照规划，2020 年前，云南将建成 12 个国家公园。

## 二、云南省自然保护区体制的困境

云南国家公园建设得到了世界自然保护联盟、大自然保护协会等国际组织的充分肯定，但也暴露出诸多问题。我国的自然保护区体系是云南省开展自然保护的主要依托。在我国独特的行政体制下，云南省自然保护区管理体制存在的问题也多表现为现阶段我国自然保护区建设中存在的问题，主要表现在：

### 1. 管理体制不完善

多头管理，各自为政。我国的自然保护区存在权力交叉、责任不清的问题。同时，我国自然保护区划分为国家级和地方级，地方级包括省级及地市级与县级。各行政层级的政府、部门又分别对不同级别的保护区进行管理，使得省内自然保护管理存在繁杂、混乱的问题。

业务指导与实际治理权的分离弊端。目前，自然保护区实行业务由上级主管部门治理，行政由县级以上地方政府治理，实行业务与行政分离的治理体制。保护区建立后，保护区的人员组成、工资待遇、经费开支等，全由地方政府承担，相关行政主管部门只对保护区进行业务指导。在这种治理体制下，主管部门难以对自然保护区行使管理职能，往往导致了当地方利益与生态保护发生矛盾时，保护向开发妥协的结果。

**2. 经费无保障，保护乏力**

由于自然保护区管理体制混乱、定位不明确，国家及各级政府均没有明确的经费预算计划。国家各主管行政部门每年仅对极少数几个自然保护区下拨部分基建费，而且专款专用，其运行费及自然保护区职员的工资均由地方政府负担及自然保护区创收自筹。地方级自然保护区的经费更是难以保障。因资金投入不足，许多保护区名存实亡，处于批而不建、建而不管的状态，许多自然保护区的管理工作仅维持在简单的看护水平上，导致侵占或改变自然保护区土地、过度砍伐林木、盲目开垦土地等问题突出。

据针对全国 85 个自然保护区的抽样调查结果显示，平均每个保护区年收入 113.92 万元，其中各级政府拨款 58.62 万元，保护区创收 55.3 万元。在职正式职工的人均经费约 1.28 万元，其中政府拨款人均仅约 6910 元。全部职工的人均经费约 1.06 万元，其中政府拨款人均仅约 5475 元。保护区人均经费远少于保护区日常管理人均 2 万元的需求，政府拨款仅占所需经费的33.3%。

据统计，经济发达国家用于自然保护区的投入每平方公里每年约为 2058 美元，发展中国家也达到 157 美元，而中国仅为 52.17 美元。经费不足严重制约着自然保护区职能的发挥，也是保护效率下降的主要原因之一。

**3. 保护区"自养"之路引发多种矛盾**

政府拨款太少，不仅使得保护区不得不设法开发保护区资源，以求创收自养，还影响了保护区的管理与保护，加剧了保护区与社区的矛盾，削弱了各级政府对其主管保护区的监督管理能力。主要表现在以下几方面：

第一，对保护区资源的低效管理。因缺乏经费，许多自然保护区的管理工作仅维持在简单的看护水平上。而且，许多保护区为了自身的"发展"，通过各种途径增加收入，把开发利用保护区的旅游资源与其他生物资源作为增加收入的主要途径，把主要精力放在经营开发、增收节支上，保护力度大大减弱。

第二，自养导致环境退化。目前的保护区资源利用方式主要包括生态旅游和资源利用。从理论上说，有控制的开发不会对自然保护产生重大影响。事实上，由于各种利益的驱动，加之国家对保护区的开发经营缺少限制和监督，致使保护区内的旅游活动普遍以利润最大化为目标，生态旅游破坏生态的情况多有发生。据"人与生物圈"国家委员会提供的调查表明：全国已有22%的自然保护区由于开展旅游而造成保护对象的破坏，11%甚至出现旅游资源退化。

第三，保护区与周边社区及地方政府矛盾的加剧。出于自养压力，自然保护区不得不与周边居民争夺土地、旅游、生物资源，使自然保护失去群众与地方政府的支持。而且由于定位不明确，自然保护区管理机构常常表现为保护区资源的保护者与经营者的双重身份。一方面，他们代表国家维护自然保护区的资源，执行国家有关法规；另一方面，他们又成为资源的利用者和经营者，转而成为管理和执法的对象。保护区管理机构既是执法者又是执法对象的这种体制上的混乱，势必造成管理上的混乱并引起社区的纠纷。目前，很多保护区都设有生产经营或旅游开发机构，专门从事资源开发，他们是保护区管理机构管辖的企业，与其他经营者相比享有特权。自然保护区这种双重身份的做法，势必日益加剧他们与地方政府和社区之间的矛盾。

### 4. 功能区划不科学

一方面，保护区边界划分过大。在筹建之初，受地方、部门的影响，国内许多保护区范围的划定中普遍存在盲目求大求全的趋势，将许多原不必严格保护的范围也划入。按照世界自然保护联盟（IUCN）对保护区的分类，全球需要严格保护的保护区仅占全球保护地的16%。我国已建的保护区要是严格按照《保护区管理条例》管理则严格保护的比例高达71.25%，居世界第一。而据世界保护监测中心（WCMC）1999年对中国608个自然保护区的调研，根据国际标准，中国自然保护区需要严格保护的仅占7%。

另一方面，保护区内的功能分区不科学。在保护区的功能划分上，多采取同心圆式的划分方法，这比较适宜于物种相对较少、生态进化典型的单一生态系统而言。在复合生态系统中，尤其是生物多样性突出，具备多个亚生态体系的生态系统而言，同心圆模式难适应。

**5. 保护与开发之间矛盾突出**

云南省作为我国生物多样性最丰富和自然保护区数量最多的省份，同时也是一个自然保护区和少数民族贫困地区分布高比例重叠的区域，云南省73个贫困县中有43个自然保护区。实践表明，资源保护管理在云南与贫困山区以及少数民族社区的发展关系密不可分，云南省的国家公园建设必须从这个实际情况出发，以国际自然保护联盟（IUCN）关于国家公园的相关界定为指导，学习和借鉴美国等国的国家公园管理经验，切实有效地推进国家公园在云南的建设步伐。

**6. 人力资本和技术条件不足**

人力资本和技术条件不足是影响区域发展的两大重要因子[①]，也是影响国家公园发展的重要因素。作为一种统筹自然保护与公众游憩利用的可持续旅游模式，国家公园具有多元化的管理目标。联合国教科文组织（UNESCO）和国际自然保护联盟（IUCN）在《保护地管理分类指导原则》中提出了包括国家公园在内的所有类型保护地的总目标——按其重要性依次为：物种和遗传多样性的保护，环境设施的维护，旅游和重建；独特的自然和人文景观的保护，荒地保护，教育，科学研究；自然生态系统中资源的可持续利用[②]。

---

① 栾贵勤. 区域经济学 [M]. 北京：清华大学出版社，2008：100-103.

② IUCN.Guidelines for Protected Area Management　Categories [J]. IUCN.Gland，Switzerland and Cambridge，UK，1994.

这些管理目标的实现对国家公园建设与运营提出了更高的要求，对于技术与人才的类型、数量、质量的需求远远比一般旅游景区、风景名胜区、自然保护区要高得多 ①。由于历史的原因，云南省社会发展相对缓慢，教育、科技事业相对滞后，技术研发与推广能力相对较低，人才较为贫乏。这也给国家公园的建设带来一定困难。

## 三、云南省国家公园管理体制建设的基本原则

在云南省的国家公园建设过程中必须把握三条基本原则：

- 保护优先，强调资源的可持续利用的原则；
- 国家公园管理与社区协调发展的原则；
- 国家公园游憩利用与民族旅游资源开发相结合的原则。

## 四、合理界定国家公园与自然保护区的功能和范围

近年来，为了协调自然资源保护与利用的关系，促进地方经济可持续发展，云南省率先在滇西北逐步推动国家公园的建设，这是一项开拓性的探索和创举，也是对我国现有保护地类别体系的补充和完善。

在国家公园的推进过程中，云南省必须处理好国家公园与其他保护地类型的关系，尤其是与自然保护区的关系。在当前建设国家公园体制的背景下，建议云南省从以下几个方面妥善认识和处理好国家公园建设与自然保护区的衔接与整合：

第一，国家公园是对我国当前保护地类别体系的补充和完善。国家公园的出现并不意味着否定自然保护区，二者都应是我国保护地体系中的重要类别，自然保护区承担自然资源的"严格保护"，而国家公园则在保护的同时允许和管理资源的可持续利用。

---

① 李庆雷.云南省国家公园发展的现实约束与战略选择［J］.林业调查规划，2010，35（3）：132–136.

第二，为了降低国家公园建设的难度，加快发展速度，国家公园建设应优先选择那些没有土地权属争议或权属问题容易解决的区域开展，积累经验，逐步扩大范围和数量；同时，适时改革自然保护区体制，调整保护区范围，将不需严格保护但展示价值高的区域划出。

第三，上报国家，将云南省作为理顺保护地管理的示范区，组织国内外专家针对云南所有的保护地类型按照 IUCN 标准进行科学评估，构建与国际接轨的保护地管理体系。逐步争取国家的支持，在严格综合考察和评价的基础上，将一些不需要或根本无法进行"严格保护"的自然保护区区域释放出来，使之转变为国家公园或其他的适宜类型；报请省政府尽快成立云南省国家公园专家委员会，对云南省国家公园的规划布局进行论证，对拟建的国家公园进行评定，审查国家公园建设管理的相关技术规范和标准，为政府在国家公园的规划、建设、管理等相关工作方面提供决策依据，也为各国家公园的建设提供科技支撑。

第四，处理好划入国家公园的集体林地面积和林改工作。在云南省的集体林权制度改革工作中，把国家公园集体林地作为一个重点。摸清林业的权属情况和存在的问题，坚持尽量少地划入集体林地，对具有重要景观价值的集体林地，采取均股、均利不均山的办法，协调好国家公园与当地群众的利益关系[①]。

第五，加强国家公园建设和管理部门与自然保护区管理部门之间的沟通和交流，促进信息和经验的共享。

## 五、加快云南国家公园建设的步伐

第一，云南省国家公园的建设应坚持循序渐进、先易后难、不断拓展、日益深化的发展思路。

---

① 郭辉军. 云南国家公园建设试点调研报告［J］. 调查与研究，2009，30（2）：24-25.

国家公园在云南省，乃至在我国大陆都是一种新生事物，在国家公园的推动运动中，我们必须坚持循序渐进、先易后难，不断拓展、日益深化的发展思路，不可浮躁和冒进，应该认识到国家公园管理体制的建成非一蹴而就，而是一个不断学习国外经验、结合自身实际、不断调整完善的过程。尤其要避免国家公园沦为一种旅游开发的市场炒作行为，而背离云南省建立国家公园的良好初衷和设想。

同时，云南省相关部门应积极借助网站、宣传资料和媒体等手段，加大对于国家公园内涵和功能等方面的宣传，促进有关各界统一思想，提高认识，树立国家公园保护优先、国际国内合作、以人为本、保护与开发相结合等意识。

第二，有计划地逐步推进国家公园的法律法规体系建设，自下而上，逐步争取国家层面的立法支持。

由于实际情况差异，云南省目前还很难实现美国国家公园式的自上而下的法律法规体系，但是云南省可以借助地方《民族区域自治法》赋予的立法权力，自下而上，逐渐展开。同时，加快《云南省国家公园管理办法》立法建设，并根据民族自治条例，由国家公园所在地政府制定针对各国家公园的管理办法，实施"一园一法"。

云南省应积极在制定地方法规的基础上，逐步起草和完善国家级管理办法，并提交中央政府相关单位，为国家层面的立法做准备。立法过程考虑公园内原住民等利益相关者的全面参与，当地传统文化中的"神山圣地"文化和乡土村规民约相结合，以及中国特色和地方民族特色。法规涉及的范围应在考察自身实际情况的基础上参考美国等国家公园的立法经验。

第三，加强国家公园的各项管理规范以及管理科研基础建设。

作为一种新型保护模式，国家公园在中国大陆还没有建立起相应的行政管理体制及技术标准及规范，使国家公园的建设和管理缺乏规范依据和科学支撑体系，持续下去必然会造成国家公园的建设管理混乱。

国家公园的保护与管理是一项技术性很强的工作，美国的教训提醒我们，在云南省国家公园的建设过程中必须重视科学研究，消除资源保护管理工作中的随意性、粗放性和盲目性。因此，研究制定国家公园建设的技术标准和规范当前的当务之急。

第四，国家公园建设过程中必须严格执行管理权与经营权分离的管理思路，切实推广和执行特许经营制度。

管理权与经营权的混淆是导致管理机构无限制追逐土地和资源利益，造成保护不力的主要原因，美国国家公园的特许经营制度将经营权从管理权中剥离出来，通过特许经营的方式将经营权交给有经验、有实力的市场主体，从而保障了国家公园的保护与经济价值。这一做法非常值得我们学习和效仿。

国家公园是公益事业，保护性设施应以政府投入为主，经营性设施可以采取"特许经营、管理分离"的方式，鼓励企业投入。

第五，积极筹措国家公园管理经费，广泛开拓管理经费的来源渠道。

管理经费是关系国家公园管理能否有效开展的关键问题，在国家公园管理经费的筹措上，云南省应该拓宽思维，在依托财政资金和国家公园门票收入的基础上，通过实行特许经营、谋求银行贷款、发放国家债券、吸收国内外企业和民营资本向有经济效益的基础设施和公共服务项目投资等方式筹资，推动国家公园发展以及资源的科学保护与利用。

中国不同于国外，中国环境保护、生态建设的任务相当繁重，所需环保经费投入更是巨大，况且中国国家公园的一大特点就是社区发展任务重，国家公园设立之初所需投入的经费预算更大。

我国推动国家公园建设必须走一条政府支持与市场化运作相结合的道路。这就意味着，中国的国家公园区别于国外的是，不仅具有两大功能（生态保护与景观展示），同时还具有营利以实现自生发展的功能。如何把握保护与发展的度，如何严格界定营利行为，对中国国家公园而言尤为重要。

同时，要建立多渠道、多形式的资金投入机制，充分吸引相关科研机构、非政府组织、民间团体、社区、企业等的管理资源和资金投入。

第六，积极推进与国内外同类机构和各类相关机构的交流与合作，广泛吸取经验和技术。

积极推进国内外交流与合作，一方面有助于吸引国际慈善基金对云南省国家公园的资金投入；另一方面，有助于争取国际技术力量支持、技术援助以及科研合作项目，在这方面，云南省已经积累了很多经验和基础。可采用的措施如：加大云南省建立国家公园的宣传力度；建立国家公园信息网络；建立国家公园推介网站；举办国家公园系列国际论坛；等等。

第七，以生态文明建设为契机，广泛展开国家公园相关优秀理念的宣传。

国家公园是一种和谐处理人与自然关系的生态文明形式，其中蕴含了丰富的人地关系和谐理念。云南省政府研究室、TNC 和西南林业大学国家公园发展研究所开展了多项国家公园管理体制的宣传推广工作，如"国家公园 60 问"项目，印制台历日历等，有效地推进了国家公园管理体制的宣传。

这一工作应该继续，而且还应该配套专项基金，全方位、广泛深入地增强民众对国家公园及其管理理念的认识。

总之，云南省国家公园的建设必须放弃"画地为牢、被动、静态"的保护模式；尽快建立超越各级管理部门的专门云南省国家公园管理局；在国家投入有限的情况下，尽快建立效益分配机制，促进保护与地方经济的协调发展，并最终促进国家公园本土化管理模式的形成。

## 六、调整完善云南省自然保护区体制

虽然我国保护区体制存在诸多问题，但由于国家公园的引入才刚刚起步，充分发挥作用尚需时日。从我国自然保护事业全局的角度，在尚无法彻底改革自然保护体制的情况下，可借鉴美国国家公园管理体制的优势，对当前云南省自然保护区制度进行局部改善。形成"国家所有、政府授权、管经分离、特许经营、社区参与、社会监督、第三方评估"的国家公园管理模式。

具体措施如下：

第一，注重管理质量建设，并且应当逐步从数量型向质量型方向转变。

实践表明，扩大自然保护区数量和保护面积固然重要，但是随着我国经济社会发展和自然保护工作的推进，应当转变自然保护区的工作重点，从数量型向管理质量型方向转变，使保护真正落到实处。建议适当调整自然保护区范围，除真正需要严格保护的区域化，其他区域以建设国家公园等方式加以保护。

第二，调整自然保护区的管理目标和分类，制定差异化的管理目标，并据此划定多元化管理类别。

考虑释放那些不需要或者无法实施"严格保护"的区域，参照IUCN保护地类别体系制定差异化的管理目标和多元化的管理类别，丰富保护地的类别构成，促进我国自然保护事业与世界的沟通和联系。

第三，强化相关立法和法规体系建设，建立层次清晰、针对性强的立法法规保障体系。

专门针对自然保护区管理的高阶位综合性立法，明确自然保护区的宗旨和思想、管理目标、原则等基本问题。尽快加强我国自然保护区各级立法和法规体系的建设，按照"宪法—法律—行政法规—部门规章、地方性法规、地方规章—规范性文件"的层次构建全法和法规体系。

第四，尽快改革自然保护区管理机构，归并职能、提质增效。

尽快开展自然保护区的管理机构改革，理顺自然保护区的管理格局，以及保护区管理与行政区划管理之间的关系，明确各类、各级保护区的主管部门和执法主体，明确自然保护区的监督管理机制。

第五，建立自然保护区与周边社区的良性互动机制，在保证自然保护区管理目标实现的同时，促进地方社区经济的可持续发展。

我国的多数保护区从设立之初就存在很多缺陷，导致保护区管理者与地方社区的矛盾冲突时有发生。应将自然保护区管理改革应放在区域经济发展的背景下思考，建立保护区与社区民众的良性互动机制。

第六，将人文资源纳入自然保护区的管理范畴，增加人文型保护管理类别，制定相应的措施。

目前我国自然保护区管理忽略人文因素管理的做法将导致保护区内人文资源的埋没、破坏和价值消失。应广泛开展自然保护区人文资源的调查和登记工作，增加人文资源保护管理类别，确定其管理目标和管理措施。

第七，建立自然保护区教育宣传专项基金，强化民众对我国自然保护事业的理解和认识，增强其参与自然保护事业的意识。

建立自然保护区专项教育基金，采取多种形式宣传保护区资源及其价值，使保护区内化为联系国民情感的纽带，增强资源保护的民族凝聚力和自豪感，从而促进资源的有效保护。

第八，创新国家公园发展体制机制，加强国家公园建设理论指导。

国家公园发展所需要的创新不仅包括理念创新、体制创新、机制创新，还包括管理创新、技术创新、服务创新，以及产品创新、营销创新等。现阶段应发挥相关业务主管部门、国家公园管理机构、国家公园经营企业、社区居民、科研机构的创新能力，尽快在国家公园管治方式、法律法规、规划设计、资金筹措、社区受益、生态保护、游憩利用等重点领域取得突破，推进国家公园科学发展。

在云南省林业厅和云南省政府研究室组织的国家公园管理法规、管理体制、资源评价与准入制度、规划设计与建设标准研究的基础上，还应进一步整合国家公园发展研究所、国家公园专家委员会、国内外科研院所、国际环保组织的力量，统一规划和部署，在现有成果如《云南省国家公园管理办法》

等的基础上深化对国家公园基础理论、国际经验、管治方式、协调机制、游憩利用、国民教育、特许经营、社区关系、生态反哺、监测手段、评估方法等问题的研究①。

　　彩云之南的生物多样性宝库，将在国家公园生态屏障的守护下，绽放出更加迷人的魅力。

---

① 李庆雷.云南省国家公园发展的现实约束与战略选择［J］.林业调查规划，2010，35（3）：132-136.

# 附　件

## 附件 1：IUCN 保护地分类体系及其应用研究报告

IUCN 保护地类别体系是由世界自然保护联盟（IUCN）的下属专家组织世界保护地委员会（WCPA），经过多年的努力建立的一套有关保护地类别的术语和标准。目前全球已有 100 多个国家应用或根据该体系修正了本国的保护地类别体系。IUCN 保护地类别体系为评价我国目前的自然资源管理类别体系提供了一个国际通用的、具有广泛应用性的标准和评价参考体系。

### 一、全球保护地的发展与 IUCN 类别体系应用现状

至今，全球保护地的数量已超过 10 万个（见表 1），保护地总面积的增长趋势也非常明显，仅从 1962 年到 2003 年 40 多年间就增加了近 8 倍，近 1880 万平方公里。

为了强调保护地的重要性、展示保护地服务的目标区域、宣传保护地作为一个系统的理念、减少术语的混淆状况、提供一套公认的国际标准、促

进对比研究和报道以及改善交流和理解等目的，世界自然保护联盟（IUCN）自 1970 年开始，就一直致力于建立一套相同并普遍使用的术语和标准体系。1978 年，IUCN 建立了一套初步的保护地类别管理体系，20 世纪 80 年代末到 90 年代初，IUCN 国家公园与保护地委员会（即现在著名的保护地世界委员会，WCPA）重新讨论修改体系，在第四届世界公园大会（1992 年，委内瑞拉的加拉加斯）上这套体系得到了完善，并在 1994 年举行的 IUCN 大会上获得通过和出版，此后开始向世界各国介绍与推广。

　　以下仅以 2003 年联合国公布的保护地统计数据为例进行分析。可以看出，全球已有 67% 的保护地列入了 IUCN 国家公园与保护区管理类别体系中（以下简称 IUCN 管理类别体系），占保护地总面积的 81%，其中，以第Ⅳ类（生境/物种管理保护地）和第Ⅲ类（自然遗迹保护地）的数量最多。这两类相加，几乎占保护地总数量的 47%。就总面积而言，第Ⅱ类和第Ⅵ类占保护地总面积的 47%。

表 1　全球保护地数量与面积

| | 保护地数量 | 占保护地总数比重<br>（%） | 保护地面积<br>（平方公里） | 占保护地总面积比重<br>（%） |
|---|---|---|---|---|
| Ⅰₐ类 | 4731 | 4.6 | 1033888 | 5.5 |
| Ⅰ_b类 | 1302 | 1.3 | 1015512 | 5.4 |
| Ⅱ类 | 3881 | 3.8 | 4413142 | 23.6 |
| Ⅲ类 | 19833 | 19.4 | 275432 | 1.5 |
| Ⅳ类 | 27641 | 27.1 | 3022515 | 16.1 |
| Ⅴ类 | 6555 | 6.4 | 1056008 | 5.6 |
| Ⅵ类 | 4123 | 4.0 | 4377091 | 23.3 |
| 无类别 | 34036 | 33.4 | 3569820 | 19.0 |
| 总数 | 102102 | 100 | 18763407 | 100 |

资料来源：2003 年《联合国保护区名录》

## 二、IUCN 管理类别体系

### 1. 保护地的含义

根据世界保护地委员会（WCPA），保护地的定义为：通过法律或其他有效手段进行管理，专门用以保护和维护生物多样性和自然与相关文化资源的陆地或海洋。

该定义包含了一个区域是否为保护地的两层判断：

（1）保护地是否专门或主要用于生物多样性和自然与相关文化资源的保护与维持？

保护地建立的主要管理目标是保护地分类的基础，用于生物多样性保护与维护的保护地并非一定处于原生状态（虽然绝大多数的保护地都是如此），原生态恢复也同样可以作为保护地法定的主要管理目标。总体来说，类别Ⅰ、Ⅱ、Ⅲ 和 Ⅳ适用于原生或基本原生的保护地，类别Ⅳ 和 Ⅴ则可以是被改变的保护地。

（2）是否通过立法或其他有效的手段进行管理？

对于通过国家立法成立的保护地，必须将立法中规定的与保护地管理权归属、特殊管理目标和管理指南相关的要求纳入考虑的范围；如果是私有土地或当地的自由土地，就涉及协定条款或保护协议的问题，在这种情况下，必须有一个清楚的关于管理目的的说明。

除上述之外，《IUCN 国家公园与保护区类别指南》中还提到了在判断一个区域能否划入 IUCN 分类时几点需要注意的问题：

①保护地管理的有效性不作为评价的尺度。

②保护地的面积必须与其实施管理目的所需的陆地 / 水域面积相当。

③至少 3/4 或更多的土地必须用于生物多样性保护，并且剩余土地的管理不与这一主要目的冲突。

④指定的管理职能部门必须有能力实现保护地的管理目标。

⑤在 IUCN 分类体系中，土地的所有权与管理目标的实现有着相辅相成的联系。

⑥不同分类的保护地可以邻接，或者其中一个包含在另一个之中。

⑦保护地的规划与管理必须与区域规划相融合，并且可以赢得到更广泛区域的政策支持。

⑧对于国家特殊保护并拥有另一国际身份（如世界遗产地、生物圈保护区、湿地保护区等）的保护地必须按照 IUCN 分类体系进行恰当分类。

**2. IUCN 保护地管理类别的含义**

IUCN 管理类别体系中共包含六大管理类别，类别不同，管理目标、定义、入选标准、组织管理等内容有着相应的差异。IUCN 管理类别体系强调不同类型的保护地都具有同等的重要性，没有哪一种类型的保护地比其他类型的保护地更优越，它为国际不同类型的保护性用地提供了对比和评估的基础。

Ⅰa. 严格自然保护区（Strict Nature Reserve）

严格自然保护区是指那些陆地和（或）海洋地区，它们拥有突出的或有代表性的生态系统、地质学或生理学（Physiological）上的特征和（或）种类，主要为科学研究和（或）环境监测服务。

突出的生态系统包括那些极为稀有的生态系统；生理学特征与生物机体功能有关，单个特征或更多总体特征如景观都涵盖在此类别中。


管理目标：

第一，栖息地、生态系统和物种保护，尽可能保持其原生不被打扰的状态。

第二，使基因资源维护在一个动态和演进的状态。

第三，维持既有生态过程。

第四，保护结构性的景观特征。

第五，为科学研究、环境监测和教育提供自然环境的典范。

上述活动必须影响小，比如观察性的科学调查；或者必须是某些类型的短暂性的操作研究。游憩和生态旅游基本上是禁止的，只有管理规划中正式接受的作为调查或教育项目中的组成部分的生态旅游活动才可以进行。

第六，通过仔细规划减少调查和其他得到允许的活动的影响。

要实现这一点，必须制订一套管理计划或其他正式的管理说明。受允许的活动包括：科学研究、环境监测和教育。任何可能对自然系统内部造成永久改变的活动都是禁止的，控制猎食动物的数量、控制野草生长、人工放火等目的在于保障自然系统平衡的做法是允许的。

第七，减少进入。

最好禁止公众进入保护地，或对其进行严格控制。在允许公众进入的区域内，只能进行游憩和教育活动，不能对生态系统、栖息地或者物种造成影响，必须依据管理进行严格控制。


入选指标：

第一，保护地面积必须足以保证生态系统的完整性和保护地管理目标的实施。

根据立法中规定的保护地的管理目标、管理规划或其他正式的管理目的说明，操作者必须弄清楚保护地的面积是否达到足以实施这些管理目标。保护整个生态系统和单一的物种所需要的面积是不相当的，从理论上讲，为了保证其内部生态系统不会受到即便是细微的影响，类别 Ia 保护地的面积都要足够大。如果保护的是候鸟，或某一稀有植物物种，则只需要一块相对小的区域就可以达到所要求的保护水平。在所有情况下，相邻土地利用的情况也应该纳入考察的范围。

第二，保护地必须能够有效地排除人类直接干扰，并且能够持续保持这一能力。

第三，保护地生物多样性保护应该通过隔离保护就能够实现，而并不需要采取积极的管理或人为干预栖息地等办法。

组织责任：

保护地的所有权和控制权必须归国家或其他政府级别所有，由一个单位进行管理，这个单位可以是一个专业的够资格的机构，私人基金、大学或具备研究或保护功能的研究所。在委托管理之前，必须先有一套长期保护为目的的考虑周到的安全与控制管理措施。对国家所有权尚有争议的国际公约区如南极洲，做法可以与此不同。

Ib. 荒野保护区（Wildness Area）：

荒野保护区是指那些广阔的陆地和（或）海洋地区，其自然特性没有或只受到轻微改变。区内没有永久性的或明显的（人类）居住场所，保护与管理的目的是保存这些地区的自然状况。

轻微改变是指人类对保护地干预所达到的程度，以及对保护地自然系统的影响。以澳大利亚为例，在澳大利亚，很多自然系统都有轻微改变的痕迹（如物种引进或历史放牧），但仍然保留着荒野特征。

"没有永久性的或明显的（人类）居住场所"意味着类别 Ib 允许有传统生活方式居住的当地社区，而不允许有明显特征的外来居住形式，如马路、农耕等。

管理目标：

第一，长期保留绝大多数没有被人类活动影响的保护地，为后代提供体验、了解和愉悦的机会。

第二，长期保留最基本的自然特征及环境质量；

第三，允许一定程度上并能够产生良好身体和精神体验的进入形式，为当代和后代保留保护地的荒野特质。

很多荒野保护地的边缘性本身就限制了公众的进入，但是，依然需要对进入程度有所限制，以保证荒野的特质。对于类别 Ib 保护地，必须制定一套合法并有执行力度的机制，限制公众进入的程度和类型。

第四，降低当地社区的居住密度，使居民的居住密度与资源的存在情况保持平衡，从而保留原有生活方式。

利用对保护地的荒野价值带来影响的科技，产生噪声或物质影响的做法通常是不允许的，例如四轮机动车或房车野营装置等；蚕食保护地资源的永久性的栖息地或活动在类别 Ib 中也是不合适的，如住宅地和村落、商业性捕鱼、放牧和农耕、勘探、挖煤和娱乐性打猎等。以传统生活方式生活的当地社区则是可以接受的，但其活动必须有一套管理计划进行引导，或对保护地资源没有显著的影响。

入选指标：

第一，保护地必须有高度的自然特质，主要受自然本身的力量作用，没有显著的人类影响痕迹，如果按规定管理的话，可以持续展示其特质。

高度自然特质是指保护地相对没有受到现代人类的影响，必须制定保护地管理规划或与此同等正式的管理目的说明，以保证保护地的自然特质。

第二，保护地必须包含重要的生态、地理、生理或其他具有科学、教育、风景或历史价值的特征。

如果一个荒野保护地具备了上述特征，并且占据相对广袤的空间的话，可能就容易与类别 II 发生混淆，类别 Ib 和 II 的主要区别首先在于游憩利用的强度和类型的差异；其次为荒野保护是荒野保护地管理的特殊要求。

第三，保护地必须能够为简单的、安静的、无污染的和非侵入性的旅游方式提供优质的荒野愉悦机会。

这些旅游方式必须受管理规划或其他类似的管理说明的制约，任何形式的旅游都不能对自然价值和其他的保护地使用者造成重大的影响。允许为了调查和搜救的目的使用小路、机动车或动物，以及为了控制紧急情况使用野火，但需要在管理规划中有相应说明。严格控制人类进入的方式也是 Ib 与 II 的区别所在。

第四，保护地必须足够达到实施保护和利用所需的面积。

组织责任：

与类别 Ia 相同。

属于类别 Ib 的保护地必须制定有相应的法律条文，遵守依据国家或省级荒野或保护法制定的管理规划或类似管理目的说明中的规定。

Ⅱ. 国家公园（National Park）

国家公园是指天然的陆地与 / 或者海洋，用于（a）为当代人和后代提供一个或多个完整的生态系统；（b）排除任何形式的有损于保护地管理目的的开发或占用；（c）提供精神、科学、教育、娱乐及参观的基地，所有上述活动必须实现环境和文化上的协调。

生态系统完整性的概念是指生态系统的自然特征完好无损；生态系统维系的过程得到保留；满足这些标准的生态系统可以称之为活力生态系统；需要一定的时间过程才能达到这些标准的生态系统则称为可持续生态系统。

为了排除所有与国家公园管理目的相违背或背道而驰的利用与侵占，必须首先以管理规划的形式或在其他类似的文件中确定国家公园的管理目的，任何发生在国家公园范围内的有害的或与管理目的矛盾的活动都必须被禁止。在实际情况中，在国家公园被划定保护之前，就已经出现了一些小范围的利用或侵占，管理规划中必须强调对此部分区域的恢复。

国家公园内的所有活动必须与其固有文化因子相协调，这些文化因子可能是由各色当地人共同积累下来，并经过长期发展才形成的；而且，传统本土利用方式必须与管理规划或者其他相同性质的管理规定相适应，才被认为是恰当的。

管理目标：

第一，保护国家级和世界级自然和风景地，提供精神、科学、教育、游憩和旅游机会。

国家公园的游憩和旅游功能是很重要的，但是，这些活动都只能基于对保护地自然系统的观赏。这一功能是国家公园与类别 Ib 原野保护地的区别所在，在物理特征方面，二者都比较相似。

第二，永久保持具有自然地理、生物群落、基因资源和物种的代表特征的典范，使其尽可能保持自然的状态，从而保证生态稳定性和多样性。

国家公园的面积大小可能各有差异，主要取决于保持其内部生态系统完整性所需要的面积，生态系统的完整性与周边的占用和土地利用情况有着很大的关联性。但是，通常而言，为了保护具有代表性特征的自然地理区域，国家公园的面积相对要大。尽管在全球保护地名录中以 1000 公顷作为划分国家公园的下限，但是这个数字只是图方便省事而设立的，显然不符合实际，对 IUCN 指南的实际应用有所局限，例如在澳大利亚的应用中，就没有执行这个界点。

为了保护生物群落和生态过程，使保护地恢复或保持其基本的生物特征，诸如火情控制、野生动物控制、野草控制等措施都有可能会被采用。

第三，以精神、教育、文化与游憩为目的的游客活动，使保护区保持自然或近自然的状态。

第四，消除并防止对国家公园存在的目的造成危害的利用和侵占。

必须在管理规划或同等性质的其他文件中阐明建立国家公园的目的；必须严禁任何对国家公园管理目的有害或与其背道而驰的活动。实际情况中，在国家公园获得保护之前，一些小范围的侵占或利用可能就已经出现，可能是发生在国家公园内，也可能是毗连区域，这些活动必须不能对国家公园造成有害的影响。有害的活动包括采矿、伐木、放牧，以及不合适的游憩活动，比如没有限制地使用四轮机动车；开发旅游基础设施等，必须制定政策逐步停止这些有害的活动。

第五，持续尊重促成国家公园存在的生态、自然地貌、神圣或审美的因素。

促成国家公园存在的因素必须得到保护，虽然管理的重点可能会因为时间的推移而有所变化，但是公园内的自然和文化特征都必须得到保留。

第六，将当地人的需要纳入考虑的范围，包括替代性资源利用，但不能对公园的管理目标造成影响。

在与管理规划或与此类似的管理宣言达成共识的情况下，当地社区可以选择以传统方式利用资源，但必须保证不会对国家公园内的资源造成重大的和长期的不利影响。可以采用管理规划中认可的非本土技术（如来福枪和四轮驱动交通工具），但是，国家公园内部禁止出现资源消耗型活动（如商业捕捞、伐木、放牧、农业以及娱乐性狩猎等）。

入选标准：

第一，保护地内必须包含关键自然区域、特点或风景的代表范例，其间的动植物种、栖息地和地理地形具有特殊的精神、科学、教育、游憩和旅游价值。

作为一个生物多样性保护、文化、娱乐、美学或科学的整体单位，国家公园对社会有着特殊的价值。

第二，保护地必须足够容纳一个或多个完整的生态系统，使其不会因当前的人类侵占或利用发生变异。

在满足这一标准的情况下，类别 II 国家公园中允许出现可变性生态系统，在其存在不影响其余区域的主要管理目标的情况下，类别 II 中允许小范围的改变。可以接受（但并不期望发生）的可变性生态系统比如：沿城市周边的高风险地带的火险管理区；植被恢复区；采取控制措施的杂草污染区。

什么才是完整的生态系统呢？这取决于保护地的管理目的。*The Macquarie* 字典中将生态系统定义为"一群有机体的社区，及其所生活的环境"，当将此定义与入选指标中的第一条结合起来考虑时，可以很清晰地看出类别 II 是一种广泛意义上的保护，而非只是针对某些独立自然特点的保护。这一点也是类别Ⅱ与类别Ⅲ的区别，类别Ⅲ仅仅是针对独立的自然特点而言的。

组织责任：

国家公园通常必须由国家最高权力机构所有和行使管理权，但是，也不排斥由另一级别的政府、当地人组成的委员会、致力于保护地长期保护的基金会或者合法成立的团体所有和管理。

保护地通常必须由公共福利或国家政府，或以某种恰当的租赁方式交与致力于保护地长期保护（不少于99年）的当地土地委员会所有和行使管理。

Ⅲ.天然纪念物保护区（Natural Monument）

天然纪念物保护区是指那些拥有一个或多个具有杰出或独特价值的自然或自然/天然文化特征的地区。这些特征来源于它们固有的稀缺性、代表性、美学品质或文化上的重要性。

包含自然特征的陆地或海洋是这一类别的，首先必须具备的特点，与自然特征或展示特定自然特征交互作用的特征也可以包含在内。主要以这一特征为保护内容的特点决定了该类别的空间范围，这也是类别Ⅱ与类别Ⅲ的区别，类别Ⅱ的空间范围要大一些。

该类别更多地从人类中心主义，而非生物中心主义的视角，以"固有的稀缺性、代表性、美学品质"作为特征；文化价值作为类别Ⅲ的附加特征是类别Ⅲ与类别Ⅰ的区别之一。

管理目标：

第一，永久保护或保留因其自然重要性、独特或具有代表性特征及（或）精神内涵而特殊的和突出的自然特征。

必须保证永久所有权的归属，以及管理规划或同等地位的管理目的说明的长期应用。长期保护措施必须考虑到对文化、地理、生物等不同特征的实用性。

第二，在与前一目标相适应的情况下，提供研究、教育、解说和公众观赏的机会。

第三，消除并防止对保护地造成损害的利用或侵占。

该类别允许不会对保护地或其管理目标造成损害的娱乐活动，例如，在喀斯特地貌的保护地中可以允许只造成细微影响的洞穴探查活动，而不允许采集地理标本。为公众提供与管理目标相协调的解说和观赏机会是类别Ⅲ与类别 Ia 的区别点之一。

第四，为所有居民创造利益，但不能违背其他管理目标。

保护地内不会对任何特征或过程造成损害，并与保护地的审美和文化感受相一致的活动则可谓为"协调的"。这里指的居民还包括那些居住在保护地之外一定距离，但对保护地一直有传统利用习惯（如仪式）的居民。


入选指标：

第一，保护地必须包含一个或多个具有突出重要性的自然特征（比较吻合的自然特征包括：壮观的瀑布、洞穴、化石床、沙丘和海洋特征，以及独特的或具有代表性的动植物种；包含在穴居、悬崖碉堡、考古遗址各种的文化特征；或对当地人具有遗产价值的自然遗址）。

一个地点的重要性可能是体现在科学上和／或文化上，当一地管理措施中所包含的文化重要性大过自然重要性时，则该地作为保护地 IUCN 关于保护地分类的标准。在对整个保护地的自然特征保护的框架下保护文化特征才符合此类别的特点。

第二，保护地的面积必须足够支持保护地特征，及与之有直接联系的周围环境的保护。

为了保护保护地自然特征的完整性，而把周边环境纳入或利用到保护的范围的做法是可取的，例如，喀斯特地貌中的贮水区域。大多数类别Ⅲ的面积都要小一些。

组织责任：

所有权和管理责任归国家政府，在有安全和控制措施的情况下，也可以交由其他级别的政府、当地人组成的委员会、非营利性机构、联合机构，或者（例外的）私人单位，在委托之前必须让其保证长期对保护地固有特征的保护。

Ⅳ. 栖息地 / 种群管理地区（Habitat/Species Management Area）

栖息地 / 种群管理地区是指那些陆地或海洋上的区域，在这些区域内通过积极的管理行为的介入用以确保（特定物种群的）栖息地和（或）满足特定物种群的需要。

为了保护特殊物种或栖息地而采取积极干预的做法是类别Ⅳ 与类别 Ia 的区别之一。普通的管理活动如野生动物、肉食动物和野草控制如果不是以改变保护地自然系统为目的，则不能称为积极的干预。

管理目标：

第一，为保护重要物种、物种群、生物群落或环境物理特征，在需要时采取特殊人为干预措施保护和维护栖息地条件。

保护地的面积必须足够大，并且保持自然的或人为的良好品质，这样才能保护栖息地的物种，或维护某一特殊物种的部分生命周期。人为干预是保护一定物种的选择性手段。

第二，使科学调查和环境监测成为可持续资源管理的主要活动。

第三，为公众教育和栖息地特征和野生动物管理工作观赏提供有限的场所。

公众教育和观赏并不一定要包括积极的游憩活动，任何在这一类型的保护地内进行的游憩活动都不能对自然保护目标构成有害影响。

第四，减少并防止对保护地存在目的造成影响的利用和侵占。

保护地存在的目的必须在管理规划或同等文件中阐明，任何违背或有害于保护地管理目的的活动都必须阻止在外。在实践操作中，小范围的利用和侵占在保护地尚未成立之前可能就已发生，这些可能位于保护地内，或与之相邻，这些活动不能对保护地造成负面影响。有害的活动的例子包括伐木、放牧和不恰当的游憩活动，必须制定政策制止这些活动。

第五，为居住在保护地范围内的居民带来利益，但必须与管理目标相适应。

如果一些保护地的替代性利用的范围和程度不会对生物多样性构成威胁，并且在管理规划或同等文件中已经清楚说明，则这一类的活动是可以被接受的。非替代性的利用必须与其他的管理目标相适应，这类活动的基本目标必须是为居住在保护地内的居民带来实实在在的利益。对食肉动物的商业性捕猎在此类别中可能得到许可。如果没有在管理规划或同等规划中阐明，则出于任何商业性产品或贸易目的的非替代性利用都是不被许可的。

入选指标：

第一，保护地在自然保护和物种幸存方面发挥着重要的作用（该类型是混合型的保护地，可能包括的类型包括物种繁殖区、湿地、珊瑚礁、港湾、草地、森林或者产菌区等）。

小型的幸存区，例如路边自然保护带，应该与相关的幸存区放在一起进行评估，首先看它是否符合保护地的定义，然后再看它是否符合类别IV的要求。

第二，保护地必须保护具有国家级或地方级重要性的植物物种，或本土或迁徙的动物物种的基本栖息地。

第三，保护这些栖息地和物种必须依赖于管理机构的积极干预，有必要的话，可以进行栖息地控制措施（看类别 Ia）。

积极干预是指任何改变既定自然生态状态的活动，尤其是为了保护特定物种或栖息地。栖息地控制措施是指为了实现某一特定管理目标，而改变自然或降级的栖息地的结构或现有功能，例如，为了为海鸟创造栖息地，港湾可能会被降级或重建。把已经被高度改变的保护地积极恢复至其之前的面貌；

或者以一种近似历史生态过程的方式管理已经被高度改变的保护地，这两种做法都与次类别相符，当然，这些区域都必须符合保护地的定义要求。采取积极的干预措施是类别Ⅳ和类别 Ia 的区别之一。普通的管理活动如野火控制、肉食动物和野草控制并不是积极的干预，如果其目的不是改变保护地自然系统的话。

第四，保护地的面积取决于被保护物种的栖息地大小，可能会相对较小，也可能会很大。

组织责任：

所有权和管理权应该归国家政府所有，在有恰当的保护和控制措施的情况下，也可以交与另一级别的政府、非营利性信托、合作机构、私人团体或个人。

Ⅴ. 陆地 / 海洋景观保护区（Protected Landscape/seascape）

陆地 / 海洋景观保护区是指那些包括适当的海岸或海洋的陆地区域。由于人类和自然长时间的相互作用，使得这些区域变成一个具有重要的美学、生态学和（或）文化价值，同时经常也是生物多样性密集的、具有不寻常特征的地区。在这些地区内，保护这些相互作用对于保护、保持和进化这些地区是至关重要的。

类别Ⅴ主要针对代表特定历史，或经人与自然长期持续相互影响而形成的景观，值得注意的是，这种人与自然的相互影响并不仅限于本土居民，而且还包括与外来定居者以及与现代技术的相互作用。类别Ⅴ并非是专门针对文化和历史的保护地类别，很多情况下，这些类型的保护地并不符合IUCN关于保护地所做的定义。

类别Ⅴ 的景观可能是反映当地人与土地之间长期以来形成的，并依然在继续的传统联系的保护地，这种联系的物质证据可能以文化物质和遗址的形式呈现，也可能是以无形的更具有重要性的精神和宗教纽带的形式体现，其中的文化价值可能没有物质载体来展示。

例如采矿或农业景观，它们因运用了传统技术而具有保留价值，而且也符合保护地的标准。维护传统的人与景观的交互联系，而非现代的交互关系，是类别 V 与类别Ⅳ和Ⅵ 的区别之一。

总而言之，类别 V 主要是为了维护人与景观的传统交互关系，它并非涵盖所有被人类打扰的自然保护地。

管理目标：

第一，通过保护景观和 / 或海景以及维护传统土地利用模式，维护自然与文化之间的和谐交互关系，建立操作与社会文化展示方式。

将一个保护地归为类别 V 的一个主要考虑因素就是这个保护地是否符合保护地的标准。尽管类别 V 非常强调景观的被改动性，但是"保护和维护生物多样性，以及自然和相关文化资源"仍旧是这个类别的主要管理目标。

第二，支持生活方式和经济活动，但须与自然和谐，与关联社区的社会文化结构保护相一致。

类别 V 并不允许从非传统土地利用中获取利益的做法，生活方式与经济活动的本质必须与保护地的维护相一致，这一点必须在管理规划或类似管理说明中阐明。

第三，维护景观和栖息地、相关物种和生态系统的多样性。

第四，必要时消除，并防止在规模和 / 或特征上不恰当的土地利用和活动。

第五，通过提供与保护地的基本品质相一致的类型和规模的游憩与旅游活动，为公众愉悦提供机会。

第六，鼓励科学和教育活动，使其促进当地人长期保持正常的生活，帮助赢得公众对保护地环境保护的支持。

第七，通过提供自然产品（如森林和渔业产品）和服务（如纯净水或通过可持续的旅游形式中获得收益）为当地社区带来利益和福利。

入选指标：

第一，保护地必须包含一个具有高度风景质量的景观和／或海岸与岛屿景观，拥有多种相关的栖息地、动植物种，并能够展示独特的或传统的土地利用模式，以及反映人类居住与当地风俗习惯、信仰的社会组织。

第二，保护地必须能够通过游憩和旅游的形式展示一般的生活方式和经济活动，为公众愉悦提供机会。

组织责任：

保护地可以由一个公共机构所有，但是更多时候可能是私人和公共共同所有，并形成多种形式管理组织，必须通过规划或其他控制手段对管理组织进行规定。在合适的情况下，争取公共基金和其他来源的资金的支持，以保证景观／海景，以及当地风俗习惯和信仰的品质能够长期得到维护。

Ⅵ. 受管理的资源保护区（Managed Resource Protected Area）

管理目标主要是实现对生态系统的可持续利用。定义：受管理的资源保护区是指这些区域，它们包含没有受到严重改变的自然系统。可以通过管理来保护和保持这些地区的生物多样性；同时为了满足社区的需要，在可持续的原则下，允许提供自然产品和服务。

在考察一地是否属于类别Ⅵ，IUCN 指南中清楚地提出了四个关键点：

● 考察其是否符合保护地的整体定义；

● 至少 2/3 的保护地必须或计划被保留成自然状态；

● 没有大范围的商业性种植；

● 必须有一个管理单位在实施管理。

类别Ⅵ保护地必能被视为多种利用共存的区域，保护地的地位决定了生物多样性保护与维护是其管理的最高目标，因此，类别Ⅵ 的基本管理目标是生物多样性保护与维护；以资源利用为基本目标，而生物多样性保护只是次要目标的区域不能被称为保护地。还必须指出，类别Ⅵ所允许的资源利用并不是盲无目的、没有控制的，而是必须有能够保证保护地长期具有保护价值的正确保护措施的。任何利用都必须考虑生态的可持续性，资源利用的本质必须在保护地声明书或管理规划或同等管理目的说明中合法阐明，规划或同等管理目的说明中必须对可持续利用的影响的监测机制进行说明。

管理目标：

第一，长期保护和维护保护地的生物多样性和其他自然价值。

第二，提高可持续生产为目的的安全管理操作。

可持续生产是指保护地的生态可持续管理，对保护地自然价值造成破坏的利用是不可持续的，例如，在喀斯特地貌区域开采石灰岩的做法就是不可持续的，而贮水则是可持续的做法。

可以进行的资源利用还包括可持续捕鱼、选择性地伐木、有控制地放牧、不改变或威胁周边基本生态特征的低影响形式的采矿、旅游和当地社区经营的生计与商业活动。类别Ⅵ保护地所适合的资源利用的类型、强度和影响程度因区域不同而有所差异，但是都必须控制在不影响生态保护为主要目的的范围内。可以作为可持续消耗利用的保护地的面积必须根据保护地的特殊特征和管理目标来确定，但是，这些利用通常都必须限制在一个很小的范围之内。如果是海洋保护地，可能改变动物种群的捕鱼活动必须被限制在不会对保护地主要目的造成危害的范围内。不被允许的利用包括高强度的伐木和林木种植、不可持续的捕鱼行为、改变或威胁周边基本生态特征的资源消耗产业（如广泛的采矿行为）。

第三，保护自然资源库，使其免受其他对保护地生物多样性有害的土地利用目的的破坏。

第四，为区域和国家发展做贡献。

入选指标：

第一，即便保护地内可能存在小范围的变更性生态系统，但是至少有 2/3 的区域必须保持自然条件；大规模的商业种植是不允许的。

保护地必须符合保护地的基本定义，并且至少有 3/4 的区域被主要用于生物多样性保护，这个 3/4 指的是管理目标，而前面说的 2/3 是指保护地内的自然条件。

第二，保护地面积必须足够吸纳可持续的资源利用，而不会对自然的长期整体价值造成危害。

组织责任：

必须由一个公共部门承担管理，清晰地执行保护责任；或者与当地社区建立合作关系来进行管理；或者可以在当地习俗和政府或者非政府机构的支持下来进行管理。所有权可以归国家或其他级别的政府、社区、私人或者联合体。

### 3. IUCN 保护地管理类别管理目标总结

根据 IUCN 保护地管理类别的含义，我们可以对体系中各个保护地类别的管理目标进行总结，结果如表 2 所示。

表 2　IUCN 保护地类别管理目标矩阵

| 目标 | Ia | Ib | II | III | IV | V | VI |
|---|---|---|---|---|---|---|---|
| 科学研究 | 1 | 3 | 2 | 2 | 2 | 2 | 3 |
| 荒野保护 | 2 | 1 | 2 | 3 | 3 | – | 2 |
| 保护物种和基因多样性 | 1 | 2 | 1 | 1 | 1 | 2 | 1 |
| 维护环境作用 | 2 | 1 | 1 | – | 1 | 2 | 1 |
| 保护自然与文化特征 | – | – | 2 | 1 | 3 | 1 | 3 |
| 旅游与游憩 | – | 2 | 1 | 1 | 3 | 1 | 3 |
| 教育 | – | – | 2 | 2 | 2 | 2 | 3 |
| 可持续自然生态系统利用 | – | 3 | 3 | – | 2 | 2 | 1 |
| 维护文化/传统因素 | – | – | – | – | – | 1 | 2 |

1 为主要管理目标；2 为次要管理目标；3 为可能适用的管理目标；– 为不适用的管理目标

### 4. IUCN 保护地管理类别入选指标总结

表3　IUCN 保护地类别入选指标矩阵

| 入选指标 | Ia | Ib | II | III | IV | V | VI |
|---|---|---|---|---|---|---|---|
| 保护生态系统完整性 | ▲ | | | | | | |
| 保护地面积大小符合保护对象要求 | ▲ | ▲ | ▲ | ▲ | ▲ | | |
| 没有明显人类影响的痕迹 | ▲ | ▲ | | | | | |
| 人为积极干预 | | | | ▲ | ▲ | | |
| 包含重要价值特征 | | ▲ | | | | | |
| 能够提供愉悦机会 | | ▲ | ▲ | | | ▲ | |
| 保护单一或多个重要性自然特征 | | | | ▲ | | | |
| 保护重要物种及其栖息地 | | | | | ▲ | | |
| 包含高质量景观 | | | ▲ | | | ▲ | |
| 展示传统生活方式和经济活动 | | | | | | ▲ | |
| 可持续资源利用 | | | | | | | ▲ |

### 5. IUCN 保护地管理类别组织责任总结

表4　IUCN 保护地类别组织责任矩阵

| 组织责任 | | Ia | Ib | II | III | IV | V | VI |
|---|---|---|---|---|---|---|---|---|
| 所有权 | 中央政府 | ▲ | ▲ | ▲ | ▲ | ▲ | △ | ▲ |
| | 地方政府 | ▲ | ▲ | △ | △ | △ | △ | ▲ |
| | 当地委员会 | – | – | ▲ | △ | △ | △ | ▲ |
| | 非营利性机构 | – | – | △ | △ | △ | – | ▲ |
| | 公私混合团体 | – | – | △ | △ | △ | ▲ | ▲ |
| | 私人基金 | – | – | △ | △ | △ | – | ▲ |
| | 其他 | – | – | △ | △ | △ | – | ▲ |
| 管理权 | 中央政府 | ▲ | ▲ | ▲ | ▲ | ▲ | – | ▲ |
| | 地方政府 | ▲ | ▲ | △ | △ | △ | – | ▲ |
| | 当地委员会 | ▲ | ▲ | ▲ | △ | △ | △ | ▲ |
| | 大学、研究机构 | ▲ | ▲ | △ | △ | △ | – | ▲ |
| | 非营利性机构 | ▲ | ▲ | △ | △ | △ | △ | ▲ |
| | 公私混合团体 | ▲ | ▲ | △ | △ | △ | ▲ | ▲ |

续表

| 组织责任 | | Ia | Ib | II | III | IV | V | VI |
|---|---|---|---|---|---|---|---|---|
| 管理权 | 私人基金 | ▲ | ▲ | △ | △ | △ | △ | ▲ |
| | 其他 | ▲ | ▲ | △ | △ | △ | △ | ▲ |

▲表示提倡由该机构拥有所有权或管理权；△ 表示可以由该机构拥有所有权或管理权的情况；－ 表示该机构不具有所有权和管理权。

# 附件 2：美国国家公园的发展背景研究报告

美国于 1872 年建立了世界上第一个国家公园——黄石国家公园，但是国家公园在美国的发展并非一番坦途，而是经历了一个消费利用与保护、保护与游憩的矛盾权衡，认识与反思不断交织的跌宕历史发展过程，在这个过程中，国家公园存在的必要性和美国国民对国家公园的认同感不断得到验证，最终形成了今天这套成熟、稳定的国家公园管理体系。研究美国国家公园系统形成的历史过程，将帮助我们更加全面地认识这一体系，从而发现其对我国健全和完善自然资源管理体制的借鉴意义。

## 一、美国国家公园发展阶段

### 阶段 1：国家公园的早期发展（1864~1918 年）

#### 1. 国家公园思想的起源

一般认为"国家公园"一词开始于美国艺术家乔治·卡特林（Geoge Catlin）。1832 年，卡特林在达科他州一次旅行中，对美国西部开发中印第安文化、野生生物和荒原受到的冲击感到担忧。他在一篇文章中写道：它们可以被保存下来，只要政府通过一些保护政策设立一个大公园…… 一个国家公园，其中有人也有野兽，所有的一切都处于原生状态，体现着自然之美。但是，国家公园思想的起源绝非是某个人的灵机而动，而是有其存在的历史根源的。

（1）美国国家公园与浪漫主义运动的联系

美国浪漫主义运动开始于18世纪末，一直延续到内战爆发为止，是美国文学史上最重要的时期，浪漫主义时期的文学是美国文学的繁荣时期，所以也称为"美国文艺复兴"。在轰轰烈烈的西进运动中，西部广阔美丽的自然风光、原始的森林、广袤的平原、无际的草原、苍茫的大海进入了文学家和艺术家们的视野，这些自然景物构成了美国人民品格的象征，为美国文学家找到了最好的创作题材和素材。浪漫主义文学家用自己的笔触将美丽的西部呈现在了美国人民的面前，号召美国人民去寻找自然，去亲自感受那些远离尘嚣的自然美景；景观艺术家们绘出了令人敬畏的西部景观，这些都大大激发了美国人去追寻山脉和荒野体验的强烈愿望。

（2）国家公园与建立美国尊严的联系

对自然与日俱增的兴趣与美国人找寻自我尊严的现实发生了吻合。与欧洲几千年的历史、古老的建筑以及建构在几个世纪的文化交叉影响基础上的丰富的文化底蕴相比，美国就像一块粗俗的文化荒漠。在来自欧洲人刻薄的批判和不屑一顾的态度的刺激下，美国人开始在其本土寻找那些可以用来炫耀的存在。在黄石和优胜美地，这两片典型西部荒野，美国人找到了他们需要的东西。美国人意识到，美洲大陆是一片全新的、原生的、壮观的领域，得以在这片壮丽而又纯净的土地上建构人类历史，这本身就是一件值得骄傲的事情。

（3）尼亚加拉瀑布与国家公园产生的联系

尼亚加拉瀑布事件是美国国家公园思想产生的又一个导因。尼亚加拉瀑布是美国19世纪上半叶最为重要的自然景观，然而，当地的土地持有者疯狂地想方设法扩大收益，竟然在瀑布附近设立了栅栏。游客付费后，才可以从栅栏的通孔处看到瀑布景观。各种庸俗审美、纪念品、污秽的东西光临了这片最为庄严的充满美洲东部特征的地域，破坏了原有的自然之美。这一事件带来的反思是：政府必须出面控制和管理这个区域，要保护和保持那些原有的自然特征，并使得公众能够前往游览。

**2. 国家公园的建立**

（1）第一次国家公园运动

建立国家公园的第一次运动发生在美国内战（1861~1865年）期间。1851年，一队追杀印第安人的美国士兵最早进入了优胜美地。随着山谷的名声传到东部，人们对山谷产生了好奇和怀疑，小规模的旅游开始出现了。意识到优胜美地的景观价值，并从尼亚加拉事件中获得的教训，为了让所有人都能体验到这一壮丽景色，1864年，美国联邦政府做出决定，放弃转让这片土地，并把山谷和附近的美洲巨杉林设为州立公园，归加州政府所有，这是美国历史上的第一个州立国家公园。（在1906年这片区域成为优胜美地国家公园之前，加州政府一直负责管理这个联邦政府批设的第一个公园。）

8年后即1872年，国会建立了世界上首个真正意义上的国家公园，公园的成立促成了北太平洋铁路（Northern Pacific Railroad）的修建，修建历时5年，铁路对保护地的建立和旅游的开展产生了深远的影响，如果说优胜美地放弃转让的只是两块相对小的土地的话，那么黄石国家公园的建立，则是美国历史上第一次严肃挑战似地转让和消费利用文化的事件。

黄石公园放弃转让（withdrawal）的土地面积极为广袤，很多土地开发者都看不出这样做有什么意义，保护与利用的矛盾冲突仍在持续，以至于18年后才成立了第二个国家公园。到19世纪末，美国一共建立了5个国家公园，其中3个位于加州，这些保护地后来都成了国家公园系统中的组成部分。

（2）首批国家纪念地的诞生

虽然如此，美国国会并没有松懈保护和建立保护地的力度。19世纪后期，西南部印第安人遗迹引起了美国人探究的兴趣。文物恣意破坏者和古物追寻者贪婪地抢掠了阿那萨齐族居住地和其他遗址，破坏了很多建筑，更不用说那些考古遗迹。亚利桑那州最早开始保护考古遗址卡萨格然德遗址（Casa Grande）。为了保护这些古老的土砖建筑，免遭恣意破坏，国会在1889年专门拨款，用于修复和保护部分遗址，后来这些遗址成为美国的第一批国家纪念地。

（3）首个国家战争公园的建立

1890年美国成立了奇卡莫嘎—卡塔努嘎国家战争公园（Chickamauga and Chattanooga），这是美国的第一个国家战争公园。在这之前，尽管已经建立了一些国家墓地，甚至在内战期间也有在建立，但是却没有实质性地保护整个战场的保护行动，这主要是源于南方不愿意去保护和庆祝那些记录了自己失败的创伤。19世纪80年代末以后，治疗这个国家的战争创伤和纪念那些战斗过的战士的各种呼声和努力，致使各方力量联合起来保护主要的战争地。

（4）古迹法

1906年，诞生了美国国家公园发展史上首项最为重要的法令，国会公布了《古迹法》（*Antiquities Act*）。该法令授予总统法律权力，可以不经国会同意宣布某块联邦领地为国家纪念地，规定：只要是出于保护历史或科学价值的目的，总统有权宣布成立国家纪念地。今天的国家公园系统中所包含的超过50个国家纪念地，都是源于这个立法建立的（国家纪念地目前共有74个）。

（5）奥姆斯特德的贡献

美国景观之父奥姆斯特德（Frederick Law Olmsted）为优胜美地国家公园提出了较为详细的管理建议，在于1865年给加州州长所做的报告中，他提出了保护的目的在于激发灵感和创造的哲学思想，并清晰地解释了特许经营权操作、开发、科学保护和解说等概念，为国家公园管理政策的制定奠定了坚实的基础。

（6）对捕猎等问题的早期处理

为了应对传统消费方式对公园资源的威胁和强调公园的保护程度，尤其是在大黄石公园保护地，例如捕猎和陷阱等，国会于1894年通过了黄石公园狩猎保护法。至1912年，国家公园得到了较好的发展，合理地避免了捕猎、伐木和采矿。但是，在当时美国经济快速发展的情况下，开发公园资源及其他各种威胁依然存在，必须不断为新出现的问题找到解决的办法。在世纪之交，一些公园内出现了机动车辆的使用，但是却没有为此制定明确的管理政策。机动车的使用在对每一个公园而言都是一个独立的问题。1921年间，内政部官员、保护主义者等很多人在优胜美地会面，共同讨论优胜美地山谷中机动车的使用问题。讨论的结果反映了那个时代最为流行的观点，即所有进入公园的交通方式都应该受到鼓励。同时还讨论了如何保证驾驶者在粗糙和险峻的道路上安全行驶，并且公园和游客体验不会由于机动车的使用而受到影响。

（7）国家公园组织法／国家公园法（Organic Act）

1916年产生了国家公园历史上最为重要的文件。长期以来，由于内政部行政管理组织混乱，国家公园成了一个无人问津的独立部门。在马瑟（Stephen Mather，后来成为国家公园管理局的第一任局长）等人的努力下，国会于1916年成立了国家公园管理局，隶属于国家内政部，负责管理那些所有权归联办政府的国家公园、纪念地、保护区等地域，管理的目的是保护这些区域内的景观、自然环境、历史纪念物以及生存其间的野生生物，同时在不损害它们的前提下，为公众和子孙后代提供欣赏和体验的机会。

## 阶段2：体系诠释期（1919~1932年）

尽管国家公园管理局已经正式建立，但是她的存在依然是一个备受争议的问题。很多人认为美国森林局就可以很容易、廉价并有效地管理好这些风景名胜，又何必建立一个专门的机构呢？公园存在的合理性一度困扰着立法者。1919~1932 年，国家公园系统得到了初步的夯实和巩固，一些操作政策在这一时期明确了下来。

### 1. 赫奇赫奇事件

赫奇赫奇本来是一个冰川切凿出来的峡谷，到处挂满了瀑布，优美的土欧鲁姆河（Tuolume）从中流过。为解决旧金山人口膨胀、水资源短缺的问题，很多人开始建议在优胜美地峡谷和赫奇赫奇峡谷各盖一个大坝，形成两个巨型水库，供应迅速发展的城市用水。这一建议遭到了以约翰·墨尔为代表环保主义倡导者的极力反对，反复周旋的结果是，优胜美地峡谷被保护了下来，而赫奇赫奇峡谷却没能幸免，从此被淹没在赫奇赫奇水库中。虽然保护主义者在赫奇赫奇水库问题中输了，但是他们却因此获得了一项重要的胜利。1921 年，国会对《联邦电力法》（*The Federal Power Act*）补充了一份修正案，修正案规定：在没有得到特别同意的情况下，禁止在国家公园和纪念地内修建水库。

### 2. "228 号公园规划政令"的颁布（Office Order No. 228：Park Planning）

1931 年，在管理局成立 15 年之后，公园管理者认识到了规划对公园发展的重要性。早在 1926 年，管理局就采纳了一份为期 5 年的规划工程，但是实践证明，这份规划的随意性很强，而且公园之间存在各种差异，应用相同的发展模式必然存在问题。为此，时任管理局长的阿尔布瑞特（Albright）颁布了一份政令，对国家公园规划的目的、规划程序、内容框架等问题做了统一的要求，规定规划应具备系统性和时效性，并具体说明了规划与景观设计、建筑施工的关系：景观设计师在绘图时可以从规划中获得景观规模、设计目的、与其他设施单元的联系等信息；建筑师也可以从中获得相关的数据和信息。228 号政令的颁布表明，管理局在努力将公园联系为一个体系，而不只是包含一些独立单位的简单组合体。

### 3. 国家公园森林政策的制定（National Park Service Forestry Policy）

早期的人类中心主义思想导致了捕猎破坏、伐木、外来物种引入、除莠剂和除虫剂的使用等问题，1931 年发布的国家公园森林政策对公园森林管理中的重要问题做了深入的规定和诠释。政策包含了林火控制、病害虫防治、林木疾病防治、宿营林地保护、木材交换土地、林业产品、放牧等内容；说明了公园的毁坏主要来自于恣意破坏者、林火、害虫、真菌、机械、放牧等方面。政策强调保护措施将延伸到公园内的所有地域，包括所有林地、灌木丛地、草甸以及其他覆盖着其他植被类型的所有土地。

国家公园森林政策的颁布表明了公园管理局要完整保护公园，尽可能使其抵御各种破坏或毁坏的决心。

**4.《国家公园动物群》（*Fauna of the National Parks*）的出版**

1872 年，黄石国家公园建成之际，并没有保护狼、山狮和熊这些野生动物，它们惨遭诱捕、猎杀，人们甚至在诱饵中下毒，故意让它们染上兽疗癣再放归兽群。1880 年，公园负责人在年度报告中写道："大型的凶残灰狼和小型的卑鄙小狼曾一度数量众多，不过，由于它们的皮毛颇有价值，用毒肉诱杀极其方便，终于导致它们几近灭绝。从 1904~1908 年，士兵们共射杀了 63 头山狮，196 头小狼。1908 年，罗斯福总统要求停止捕猎，但陆军置若罔闻，在随后的 9 年中，又猎杀了 23 头狮子，1188 头小狼。自 1918~1935 年，政府组织的捕猎队猎杀了 35 头狮子和 2968 只幼狼以及 114 只成年狼。最后，国家公园管理署采取了新政策，停止滥杀，保护肉食动物，可惜为时已晚，20 世纪 30 年代，最后一群狼从黄石国家公园消失了。"

1932 年，野生动物科学家乔治怀特（George Wright）和他的助手，个人出资出版了《国家公园动物群》一书，提出了科学管理野生动物的思想和方法，为后来的决策研究奠定了基本参考依据和操作规则。在其思想的推动下，国家公园管理局一度成立了野生动物处这一部门，并由怀特负责。然而，值得一提的是，在怀特 1936 年过世之后的很长一段时间内，他的很多思想都被忽略掉了，直到 1963 年才又重新被拾起。1932 年颁布的关于"捕猎政策"的条文，是这一思想直接推动的结果，它是这个时代关于国家公园的最为先进和深刻的文件。

## 阶段 3：快速发展期（1933~1941 年）

历经 20 年代的努力，年轻的国家公园管理局逐渐巩固了公众对她的支持，明确了管理的优先顺序，建立起了指引机构今后 40 年工作的基本思想。然而，这种稳定的发展和扩张被 1929 年股市的崩塌，以及随之而来的经济大萧条打断了。戏剧性的是，虽然公园的访问量因此受到了负面的影响，但是经济危机实际上却促进了公园游客设施、道路和步道的建设，公园规划的形成，新的公园区域的确立，以及新一轮公园体系的扩张。

### 1. 经济大萧条带来的公园大发展

1933 年罗斯福总统当政，政府管理发生了翻天覆地的变化。同年，发生了两件深刻影响国家公园发展的事件。

首先是国会颁布了关于分散失业年轻人的立法，这项立法直接促成了民事保护部队的组建。民事保护部队是一支颇具军事风格的队伍，专门负责国家和州级公园及森林内的公共事业建设项目。在后来的 9 年中，民事保护部队在公园内修建了比公园体系整个历史时期建设的还要多得多的基础设施，仅用了 3 个月的时间就完成了规划 5 年完成的建设任务。公园管理者因此得以实现了那些早年只能被称为"梦想"的发展。

第二件具有深度影响力的事件是，为了促进联邦政府工作的流水化作业和成本节约，国会对各个执行机构进行了重组，并重新制定了行政责任。对国家公园管理局而言，这次改革的直接收益是，她接收了从美国森林管理局分离的国家纪念地，和从战争部分离的国家战争地和纪念地。经过这个事件，一套在唯一机构的管理下运作的保护系统形成了，这就是我们今天所熟知的国家公园管理体系。

### 2. 发展过度的警示

19 世纪中叶，美国出台土地私有化政策，鼓励向半干旱的中西部大草原移民开荒。这项政策在当时被认为是既发展中西部又解决饭碗问题的聪明之举。在新型农业机械的帮助下，仅 1860~1890 年 30 年间便有 90 万平方公里处女地被开垦，中西部成为美国主要的粮仓。殊不知，过度掠夺性垦牧造成了新垦地的大面积沙化，新垦地逐渐成为沙尘暴的源头。20 世纪 30 年代，沙尘暴渐成气候，1931 年 8 次，1932 年 14 次，1933 年春季终于发展成灾害性的沙尘暴，中西部大平原多数新垦地上的庄稼被席卷一空，全国小麦减产 1/3。1934 年，震惊世界的黑风暴降临了：裹挟着大量新耕地表层黑土的西风"长成"了东西长 2400 公里、南北宽 1440 公里、高约 3 公里的黑龙，3 天中横扫了美国 2/3 地区，把 3 亿吨肥沃表土送进了大西洋。黑风暴所经之处，农田水井道路被毁，小溪河流干涸，一年之内 16 万农民被迫逃离。这一年美国农业损失惨重，粮食减产一半之多。恢复和生态建设成为一种需要和趋势。

就在此时，国家公园内发生着什么事情呢？游客基础设施快速地发展着，上百英里的道路和步道在偏僻的区域被开辟出来，上千座建筑，从博物馆到雇员宿舍再到露营场地出现了。从沙尘暴事件中获得的教训，保护主义者和很多人都对这样的发展规模和速度发出了警报。预警保护委员会于 1936 年印制了一份小册子，名为"国家公园与国家森林公园内的道路和更多的道路"，书中指出这种进步是对原生荒野的一种破坏。公园管理局的管理优先顺序开始受到质疑和挑战。

### 3. 科研号召

1933 年，在总结早两年所颁布的大量的政策说明的基础上，阿尔布瑞特（时任管理局局长）在他的一篇文章中强调了在国家公园内开展研究的重要，文中认识到国家公园的管理严重缺乏科学数据，发出首次号召，号召研究者在公园内开展更多系统性的研究，为公园决策提供支持。

### 4. "323 号行政令"

1936 年，关于国家公园捕鱼规定条文 323 号行政令发布，弥补了动物管理思想框架中存在的漏洞，阿诺卡麦尔（Arno Cammerer）局长采纳了野生动物处的意见，严令禁止或消除外来物种，鼓励本地物种。

**5. 体系管理单元的增加**

国会于 1935 年颁布了《历史遗址保护法》(*Preservation of Historic Sites Act*)，法案要求公园管理局调查所有历史与考古遗址和建筑，采取措施确认保护，或协助他人保护。法案还规定国家文化资源和自然资源统一交由国家公园管理局管理。这显然已经大大扩展了国家公园的原有概念。

1936 年，经过长达 10 年的关于如何为日益增长的人口提供消遣资源的讨论和关注，促成了《公园、林园大道以及休闲区域研究法》(*Park，Parkway，and Recreational Area Study Act*) 的诞生，法案规定公园管理局必须对可以纳入公园体系的潜在区域开展广泛的研究，尤其是那些可以提供休闲机会的区域。对于管理局而言，这又是一个新工作领域的开始。这一确认研究大都集中在沿海地区，第二年海特瑞斯角国家海岸 (Cape Hatteras National Seashore) 就获批成立。1941 年，公园管理局还公布了一份关于美国公园与休闲问题的研究报告。

## 阶段 4：困窘时期（1942~1956 年）

经济大萧条带来的公园发展、扩展和重新解释的繁荣时光因珍珠港袭击事件突然中止了。

**1. 战争引发的公园保护危机**

珍珠港袭击事件之后几个星期之内，公园的工作项目停滞了，资金来源枯竭了，员工开始离开走向部队或战时支持行业。和"一战"时的情况类似，要求使用公园内的土地和资源支援战争的呼声出现了，来自放牧、伐木和开矿等方面的利用压力尤其集中在西部地区大公园内。在几轮冲突之后，放牧只好被允许了，部分原因是当时对生态影响的认识不足，但主要原因还是公园管理局在政治上抵御不了这种压力。

然而 1942 年，国家公园管理者巧妙地拒绝了无理的利用要求。在局长纽顿德瑞（Newton Drury）的一次重要发言中，他清楚地解释了为什么即便是战时也要保持公园免受破坏的原因。利用那些海外服役者寄回的信件，他把公园刻画成了一个令人鼓舞的、值得美国人去保留其纯净的形象。

**2. 对公园体系扩张的反对**

到 1950 年公园体系的扩张成为国会的一个变化无常的问题，对公园游憩和扩张的反对声集中在西部地区的消费性利用者中间，反对者反对战时进入公园，大梯顿国家公园 1950 年的扩张事件是那个时期的斗争的一个焦点。在颁布的条文中，国会在怀俄明州代表团的压力下，同意作为协议条款之一，该州内在没有明确的国会授权的情况下，不得再新建任何公园或纪念地。这一事件代表了西部人对公园体系扩张的强烈反应。

**3. 资金的艰难争取**

1953 年，由于国会卷入了几件棘手的国际事件中，在经历了战时遭遗弃的命运之后，国家公园又面临着被忽略和缺乏资金支持的问题。步道和设施的年度保养被滞后了，很多地方存在严重的，甚至是危险的失修问题。公园管理局的焦虑以及一些保护组织的努力，说服了几位议员。

零碎的项目经费在预算有限的情况下就很容易被缩减，为了避免这一情况，公园制订了一项独立预算的大规模协作拯救计划，这个拯救计划就是著名的任务"66 计划"（Mission66）。该任务始于 1956 年，计划期为十年，计划花费 10 亿多美元，改善游客设施及各个进入保护区体系的入口。

## 阶段 5：资源管理的争论时期（1957~1963 年）

**1. 对"气氛保护"的早期挑战**

早在 20 世纪 30 年代，美国生态学会的植物与动物委员会就提出了"综合自然胜地计划"，提出自然保护必须保护生态系统和特殊生物种，正确处理生态波动性（自然扰动），建议自然保护区设计采用"核心保护区就加缓冲带"的思想。该委员会还认为机构间的合作对计划成功很重要，生态学家有必要采取一切手段去说服和教育公众，让他们认识"胜地计划"的价值。怀特与其助手（1935）通过观察指出，由于边界和面积大小的限制，美国的黄石国家公园并不是一个完整的生态系统，他极力游说政府官员，要求扩大黄石国家公园的规模，重新划定能够反映大哺乳动物生物需求的公园边界。可惜，这些早期的统一资源管理与生态学、景观尺度的系统管理思想，并未在实践中得到应用和实现。

自马瑟时代以来，国家公园的保护一直都在奉行一种所谓"气氛保护"的景观保护思想，重点保护的主要是自然资源的景观价值，而对资源的生态价值没有任何强调。在这一思想的影响下，公园管理者在动植物管理中犯了很多严重的错误，如为了给游客提供更多狩猎动物和钓鱼的机会，管理者设法消灭位于国家公园食物链顶层的掠食动物（如狼），并引进外地鱼种到国家公园的水域；人工干预生态系统的正常代谢（如非人为原因产生的小范围的火灾）等。

1956 年，国家公园管理局开始热热闹闹地以改善国家公园的基础设施和旅游服务设施为目标的"66 计划"，但是这个所谓的灵丹妙药却在几年间陷入了争论中，而一筹莫展。公园管理局在生态环境保护方面考虑不足，对生态学的研究意愿与研究经费都严重不足，漠视生物资源的科学性。公众和学术界批评国家公园管理局最大的失败就是这个官僚机构不能系统地鉴定园区内的资源，并定期监测其状况变迁，从而无法获得可靠的知识；认为普查与监测计划应该是国家公园管理局的重要职责。从 1956~1963 年短短的 7 年间，公园管理局的管理和指导思想受到了一连串的来自局内外科学家所做的报告和批评的攻击。

1963 年终于迎来了国家公园管理局管理政策的改进和转折点。被尊称为大地伦理之父的李奥帕德（Aldo Leopold，1889~1948）发表的一篇《像山一样思考》短文，使生态平衡的概念获得了广泛传播。以李奥帕德思想为理念的咨询委员会做出的"国家公园野生动物管理报告"（又称为李奥帕德报告），明确了保护应以维持生命系统原有的生态关系为首要原则的思想，报告指出建立公园的目的主要是维护或恢复每一个单元内的生命组织关系，使其保持在"当白人首次到访时的状态"。

在新的"生态系统保护"管理模式倡导下，国家公园内广泛的科研活动复活了。

**2. 国家公园系统游憩功能的加强**

为国民提供更多休闲娱乐机会的探寻再次点燃，"二战"和战后经费危机时期一度被放弃的游憩地、海岸与公园新址探寻，在这个时期成为联邦政府要求公园管理局承担的主要工作和新的责任。

20 世纪 50 年代后期出现了一系列关于建立公园、公园观景大道、海岸新址的研究，国会则更进一步，成立了户外游憩资源审查委员会，专门负责综合研究新址建立的相关问题。这个委员会于 1962 年公布了一份报告，直接促成了户外游憩局（目前已并入国家公园管理局）的成立，报告还着重强调了国家公园管理局在规划全国游憩项目，以及管理这些游憩项目区域的责任。

联邦政府下属的游憩建议委员会在次年进一步细化了游憩区域的政策，这些政策几乎都是针对户外游憩制定的，而没有考虑自然或历史保护的目的。这项政令清楚地说明，国家公园管理局在这个时期的管理责任变得更加多样化了。

## 阶段 6：生态革命期（1964~1969 年）

由于采纳了李奥帕德报告中的建议，以及在来自体系多样化、兼顾游憩和保护功能的要求的持续压力下，促使国家公园管理局不断地成长和变革。

**1. 几项重要的环境保护立法**

《水土保持法》

1964 年联邦政府建立了国家野生环境保护系统，设立保护基金。9 月 3 日国会通过了《水土保持法》（*Land and Water Conservation Fund Act*），规定了公园与娱乐场所的用地。

《荒原法》

1964 年国会还诞生了美国国家公园历史上一项重要的立法即《荒原法》（*Wilderness Act*），这是美国生态保护主义者的一次重大胜利，法案开篇诠释了立法的目的，"人口增加及其扩张的人类开发定居、发展着的机械化，霸占和变更美国的所有区域 …… 导致留不下任何土地被保存，导致留不下任何土地被保护保持着自然的原始风貌。为确保这一惨剧不发生，因此国会颁布法令《荒原法》，保护当代美国人乃至未来一代确实拥有不朽的荒原资源"。《荒原法》实际上为荒野区域设立了一道法律缓冲带，抵制住了那些深度建设工程对荒野的蚕食。

《公路美化法》

1965 年联邦政府颁布《公路美化法》，该项立法规定："铲除高速公路附近的废弃物及垃圾，并在公路附近建立风景地带""管理户外广告""保存自然美景"。

《国家环境政策法》

《国家环境政策法》（*National Environmental Policy Act of 1969*）（NEPA）于 1969 年产生，是美国环境保护最基本的国家章程，法案规定联邦机构在执行责任时，必须尽量避免或减少环境降级问题；要求所有发展项目都必须做好潜在的环境影响评价和研究，并制定相应的规划，规划过程必须有公众参与。源于此法案，环境保护组织变得前所未有的重要。法案以法律形式规范了美国政府部门环境与发展综合决策的行为，随后几十年里，法案得到了不断修订，增加了实施细则、执行命令和备忘录，最终形成了比较完整的环境与发展决策法律体系。

**2. 特许经营**

私营企业在国家公园内经营已经不是一件新鲜事了，但是对私营企业的管理一直以来显得非常薄弱，在黄石国家公园建立接近 100 年之际，1965 年国会通过了《特许经营政策法案》（*Concessions Policies Act*），对国家公园内的特许经营模式做了诠释和规范。

法案肯定了制定特许经营政策法案的目的与建立国家公园的基本目的是一致的：保护国家公园的风景、野生动植物、自然和历史目标，不仅为当代人提供可以某种方式享有的资源，也为后代人提供享有不受损害的资源的机会。法案将保护国家公园资源的价值，严格约束公园内的公共住宿、娱乐设施和服务设施等，防止无管制、随意使用这些设施。法案对特许经营模式进行了规范。法案允许私人资金进入公园，在旅馆、汽车旅馆、简易小屋、房车场、帐篷等方面为游客提供服务。特许经营费（franchise fees）按经营总收入（以收费发票为凭证）的百分比缴纳；但是，收入并不是特许经营追求的目标，相反，法案规定，经营必须服从被特许区域的资源保护目标，并在合理的价格范围内向游客提供充足且恰当服务。法案还规定，特许经营费至少每 5 年进行重新核定，特许经营合同时限小于 5 年的情况例外。根据法案，美国内政部部长负责授予国家公园特许经营权，美国国家公园管理局负责具体的特许经营合同的执行和管理，引导特许经营者（Concessioner）达到资源保护的最高要求，为游客提供令人满意的且可以营利的优质服务。

为了解决国家公园内长期存在的垄断经营问题，《特许经营政策法》于 1998 年被《国家公园综合管理法》（*National Park Omnibus Management Act*）取代。但法案就当时而言是一个不可否认的进步，它标志着美国国家公园的管理从此开始实行政企、事企分开的管理模式。

### 3. 体系管理单元的增加

1966 年议会通过的《国家史迹维护法》（*The National Historic Preservation Act*，1966，NHPA），进一步规定并加强了联邦政府在遗产保护中的作用，可以说是美国最重要的联邦文化资产保护法令。该法案一方面责成联邦机构认定并保护其所有土地上的历史文物，另一方面则成立史迹地点国家注册处。法案使得史迹的指定、规划及管理过程都有法律保障。

1968 年联邦政府颁布了《原生风景河流法》（*Wild and Scenic Rivers Act*），规定："为人类目前和将来的利益和利用着想，应当对这个国家内那些处于一定环境中，具有风景、娱乐、地质、渔业、野生生物、历史、文化或者其他方面价值的河流加以保护。"

为了适应民众对户外休闲活动与日俱增的需求，塑造国家优良户外活动空间，美国国会于 1968 年通过了《国家步道系统法》（*National Trail System Act*），对步道的保护、休憩、公共通行、娱乐及体验等活动的规划与设计做出了规定。该法案是美国第一套全国统一标准的步道规范，是步道的休憩、景观及历史价值等级及管理的评价依据。

根据上述法案的规定，史迹、原生风景河流以及步道的都归国家公园管理局管理。一方面，国家公园管理局的管理单元进一步扩大；另一方面，新的管理单元也给国家公园管理局的管理带来了难度，导致管理复杂化。

## 阶段 7：转型与开拓期（1970~1980 年）

### 1. 公园体系的发展

在李奥波德报告和 20 世纪 60 年代立法浪潮的影响下，以及一系列被反对者贬称为分肥立法议案（pork barrel legislation）的推动下，国家公园系统在 20 世纪 70 年代获得了持续建设和发展，逐渐走向成熟。

1970 年，国会通过了《一般授权法》（*General Authorities Act*），法案进一步明确了一个重要的问题，即归属国家公园管理局的所有管理单元都是一个相同体系下的组成部分，必须依照 1916 年的《国家公园法》和其他相关法律进行管理。

1972 年，由于两个特殊市内游憩区的加盟，公园功能体系得到了更加广泛的诠释。纽约市区的入境国家游憩区（Gateway National Recreation Area）的建立，使国家公园管理局的管理范围触及了这个国家最大的城市，面临着新的环境管理要求和挑战。就在入境国家游憩区建立的同一天，国会又授权建立了金门国家娱乐区（Golden Gate National Recreation Area in and around San Francisco）。这些区域相对于旧体系中的传统公园而言，管理和保护手段基本上是迥异的。

1978 年，由于自然岛屿受到邻近活动的影响，一些相比而言较为典型和自然的国家公园再次引起国会的关注。19 世纪末以来，随着木材开发技术的发展，木材的需求与日俱增，加州的红杉森林遭到了很大的破坏，只剩下了大约 5% 的老成长红杉森林。红木国家公园于 1968 年才正式成立，旨在保护加州最大的一片河岸红杉林遗留地，主要位于红木溪（Redwood Creek）的下游水域。然而，在国家公园成立后，红木国家公园境内的红木溪（Redwood Creek）上游仍然有持续伐木活动，森林被砍伐后，产生了严重的泥沙堆积、土壤流失问题，对公园内的树木同样是有害的。1978 年，经过一番辩论运动之后，红木国家公园的边界得到了扩大，红木溪上游区域被包括了进来。

1977 年卡特政府援借 1906 年《古迹保护法》，把阿拉斯加州 5600 多万英亩的联邦土地纳入公用系统，成为自然纪念地。1980 年 5 月 21 日，美国议院通过《阿拉斯加国家重要土地保育法案》，指定了 9 座新的公园和保护区，并将现有的公园面积大幅扩展，使得 1.04 亿英亩的土地成为自然纪念地、野生动物禁猎区和国家自然资源保护区。

1979 年，国会正式修正了已经沿用 70 多年的考古遗址方面的相关措施，通过了《考古资源保护法》（Archeological Resources Protection Act）。该法案在全面诠释联邦古迹资源的基础上，规范了各项古迹保护措施，这项法令替代了古迹法（Antiquities Act），成为联邦古迹资源保护的主要立法。

### 2. 国家公园状况调查

在 20 世纪 70 年代即将结束和卡特总统即将卸任之时，公园管理局应国会要求，提供了一份关于公园状况的报告。该报告发布于 1980 年，在对国家公园系统内的管理者的广泛调查的基础上完成的。报告指出，公园正处于各种威胁之中，包括内部威胁如拥挤、过度建设和人员不足，以及一些预测性的外部威胁如空气和水污染、公园边界的加速发展以及外来入侵物种的破坏等。报告的结论似乎令人沮丧，在接下来工作中，公园管理局必须采取更加广泛的行动来解决这些问题，保护这个国家"皇冠上的明珠"。

## 阶段 8：危机时期（1981~1992 年）

### 1. 问题与危机

从 1963 年到 1980 年，国家公园系统发生了重要的变化，但是，国家公园管理网络并没有如人们所期待的那样广泛扩大。首先，这时有些观察家注意到，公园管理局战线拉得太长，资金又不充足，每新添一个单位，无论大小和种类为何，公园管理局肩上就又增重担。他们开始对公园系统中越来越多的历史遗址投以批判的目光。其次，1981 年经济危机的到来，也改变了华盛顿的政策优先顺序。再次，国家公园在这个时期面临着诸多威胁：工业和汽车造成的空气污染、外来物种入侵，还有各种人类活动在公园胜地周边不断蚕食。

在长达 10 多年的时间里，管理局面临着公园访问量增加和外部威胁因子加剧的矛盾，再加之政府经费的压缩，员工士气受到了前所未有的打击。管理局在各方面的管理受到了挑战，甚至出现了董事会的政治化和权力腐败现象。新任的内阁部长詹姆斯·瓦特（James Watt）对此最早发出了变革的信号，他提出管理局的管理目标不是要急于扩大公园的规模和体系，而是应该为游客提供优质的服务。

公众不断提高的公园旅行兴趣，以及公园周边商业和住宅的持续发展，加剧了问题的严重性。到 1987 年，美国审计局（The General Accounting Office）公布了一份报告，报告指出国家公园系统存在很多威胁因子，很多因子并没有得到完全认识，而且很多问题实际上已经在恶化；报告还发现，公园实际上并没有完全依据法律和所规定的保护指令在管理。

### 2.1988 年黄石公园火灾

在 20 世纪 60 年代以前，国家公园对火灾的管理一直采取的是人工主动扑灭的策略。但在 20 世纪 60 年代以后，在生态管理理念的影响下，国家公园的火灾管理开始实行"不管政策"，尽可能地维持公园的自然状态，自然发生的火灾就应该让它去烧，使自然环境更健康。1988 年发生了公园体系史上最为恶劣的一次火灾，几乎一半以上的黄石公园都被焚毁，被毁森林面积达 45% 以上。火灾受到了公众和政府的广泛关注，实行了 20 多年的林火管理政策受到了质疑。但是 1989 年的机构内部调查结果表明，过往的林火管理政策基本上是合理的，生态系统管理措施因此经受住了一次最严格的测试。从这次火灾中，公园管理局也吸取了教训，决定将火灾分为良性与恶性两种，做出评估之后，再选择扑灭或者任其燃烧。

### 3.《美洲原住民墓地保护归还法》

1990 年《美洲原住民墓地保护归还法》（*Native American Graves Protection and Repatriation Act*）通过，一下子终止了已经进行了几十年的古迹商业，对许多博物馆造成很大的冲击。法令规定，禁止挖掘印第安人坟墓和迁移人类和仪式遗迹；接受联邦补助的博物馆应将人类遗骨与墓地物品（陪葬品）归还给美洲原住民的后裔或后裔团体（合理适当的部落或群体），同时也必须告知这些后裔，该馆藏品是美洲原住民的圣物或包含有文化重要性。

### 4. 国家公园系统地位与价值的思考

1992 年，发布了 2 份有关国家公园系统地位的报告，其中一份是《科学与国家公园》"Science and the National Parks"，它响应了《罗宾斯报告》（*Robbins Report*，1963）的基本思想，认为公园管理局应积极获取管理所需的科学信息，并进一步强调了科学是政策和管理的基础。另一个报告是一次议题为"21 世纪国家公园的地位与需要"的大会的讨论决议，以会议地点命名为《维尔报告》（*Vail Report*），再次强调了从 20 世纪 60 年代到 80 年代以来，国家公园系统形成的基本政策。虽然这两份报告都不是政策性质的报告，但是他们指出的长期以来存在的问题，以及解决这些问题的方法，是值得内政部去思索的。

## 二、美国国家公园系统的今天与明天

### 1. 发展机遇与挑战

2007 年 5 月美国内政部部长德克·肯普索恩给美国总统递交了一份国家公园的发展报告，他将美国国家公园系统目前存在的机遇和挑战总结为人口结构变化、人口迁移、信息化、人力建设、慈善捐赠等方面。

（1）人口结构变化

美国的人口结构正在不断膨胀、老龄化和多元化。据统计，美国人口 2006 年 10 月已经突破 3 亿，到 2050 年，人口将增加到 4.2 亿，届时，拉丁裔人口比重将增加到 25%，非裔将在原来的基础上增加 2%，而欧裔白人的人口比重将下降 10%。从 2000 年到 2050 年间，年龄在 65~84 岁的人口将增加 115%；85 岁及以上的人口将增加 390%。人口增加使得国家公园面临着越来越大的访问压力；同时，由于人口多元化以及移民人口的比重增加，国家公园的传统认知文化和价值认同将面临挑战。

（2）人口迁移

随着城市化步伐的加大和深入，国家公园在景观保护方面显得越来越重要。城市和城市郊区的发展和人口增加将会给公园资源的保护造成更多压力，尤其对公园边界区域的压力。根据统计，到 2025 年，约有 75% 的美国人会选择居住在海岸地区方圆 100 英里的地域内。同时，西部人口更趋向于优胜美地、奥林匹克、瑞尼尔山等这些国家公园。

（3）公园信息化

美国是一个信息化高度发达的国家，为了与美国民众保持同步，满足来访者的预先期望，尤其是美国的年轻人，公园也应该持续地进行技术更新，一方面，将美国年青一代从室内吸引到室外；另一方面通过计算机让他们了解国家公园。但是，科技的引入也会造成国家公园的尴尬处境，因为很多人来公园娱乐游憩的目的就是缓解现实科技社会带来的压力和烦闷的。因此，在技术发展和提供缓解现代社会压力场所和机会之间，公园必须做出有效的平衡。

（4）人力建设

目前国家公园管理局的雇员平均年龄为 47 岁，约有 11% 的雇员年龄已经达到马上退休的要求，超过 35% 的雇员年龄将在 5 年后达到退休的要求。一方面，大量富有经验的雇员的离开，对国家公园管理来说是一项巨大的损失；另一方面，公园管理局将面临人力建设方面的压力和机遇。

（5）慈善捐赠

慈善捐助一直以来都是国家公园系统的传统，国家公园系统中有超过 30 个国家公园都是通过私人捐款建立起来的；大多数的国家公园都获得过很多关心公园命运的人们的捐赠。2005 年，慈善捐赠总额超过 2600 亿美元，与国家公园管理局任务相关的事业领域如教育，健康，艺术、文化与人文，环境，动物等总共获得了 900 亿美元的捐赠。2005 年，国家公园管理局收到 2700 万美元的现金礼品，折算上那些奉献服务的价值的话，则达到 2 亿多美元。

国家公园系统能够成就今天的规模和发展，与良好慈善捐赠传统密不可分。在今后的发展中，这样的传统应该继续得到保持。

**2. 措施与展望**

（1）强化资源的民族意识和公众参与精神

2006 年，国家公园管理局开展了一次广泛的国民听证会运动，倾听公众对国家公园的看法和认识。听证主要围绕三个问题：①在 2016 年或更远，您和您的孩子或后代，对公园的希望和期望是什么？②您认为对于美国人以及世界各地的来访者的生活而言，国家公园应该起到什么样的作用？③今后 10 年，您认为哪些特殊项目应该被重点提出来完成？听证会共举行了 40 多场，倾听了 4500 多人的意见；征询范围非常广泛，包括非营利性组织、游憩组织、公园雇员和离休人员、国会议员、州级和地方政府等；征询通过网络、邮件的方式整理收集到了 6000 条公众评价和建议。内政部 2007 年度国家公园工作报告就是在这一系列的听证会、网站互动和书面反馈的基础上完成的。

（2）"百年创新"工程

为了应对当前面临的问题与挑战，2006 年，在国家公园基本法颁布 100 周年，以及国家公园管理局成立 90 周年和展望 100 周年之时，管理局启动了"百年创新"（the Centennial Initiative）工程。布什政府为此在 2008 年财政年度，为公园管理局提议了有史以来的最大的一笔预算。布什承诺在接下来的 10 年，联邦政府将每年拨款 1 亿美元以推动公园向新的水平发展。这些经费将用于增 3000 多名季节性护林员、导游和维护工人；维修建筑；提高景观质量；招收更多孩子参加中级护林员（Junior Ranger）和网络护林员（Web Ranger）项目。为了保证资金的到位，内政部为此专门制定了《国家公园挑战基金法》草案。之后 10 年，国家公园管理局将可能获得超过 30 亿美元的管理经费来应对各种危机和挑战。

进入 21 世纪以来，随着网络技术的介入，公园管理局开始逐渐通过网络，增加信息的开放度和公众参与程度，通过听证会、开通互动网站等形式，积极促进公众参与公园的看护、管理和规划过程。例如，自由女神国家纪念碑和艾利斯岛设计的总体管理规划（General Management Plan，GMP）征询案；华盛顿国家广场（National Mall）改造设计征询案；利益共享草案环境影响宣言（The Benefits-Sharing Draft Environmental Impact Statement，DEIS）征询案；国家公园管理政策征询案等。"百年创新"工程也特别强调了公众参与精神的延续和发展。2006 年，国家公园管理局开展了一次涉及面广泛的意见和评价征询运动，召开了 40 多场听证会，通过各种形式收集到 5000 条关于国家公园的发展意见，这些意见都被写入了德克·肯普索恩给总统的报告中。

这一做法充分尊重和鼓励了美国民众对国家公园的"主人翁"意识和自豪情绪。

## 三、总结

在国家公园基本法和一系列法律、法规、标准与指导原则、公约、执行命令（迄今已有 60 项之多，其中涉及国家公园管理局的联邦法律有 20 个）的基石之上，在经历了两次重要的体系管理单元增加（1933 年和 1964 年），及几个重要的发展时期之后，美国国家公园系统才得以形成了今天这样的规模。美国历届政府，运用政治手段和法律手段，坚持了国家公园系统的保护政策，在巨大的消费利用压力下，拯救和保留了一大批珍贵的自然遗产和文化遗产，同时为世界各国的自然和文化保护提供了富有价值的经验借鉴和教训启示。

虽然美国国家公园起步较早，管理体制发展也相较成熟，但是，在消费利用压力依然来势汹汹和新问题如民族多元化不断出现的今天，美国国家公园系统仍旧面临着诸多的问题和威胁，如何妥善地保护好国家公园系统这颗珍贵的"国家明珠"，永续利用她的价值呢？这是美国国家管理局，以及所有关注国家公园的环保组织和民众将长期面对和思考的问题。

# 附件 3：美国国家公园的立法体系研究报告

法律与法规是国家公园体系的主要管理手段和工具。国家公园的法律是由国会讨论通过后得以建立的，为了使这些法律付诸实施，国会授权特殊部门（包括内政部）制定和执行与法律相对应的法规。

## 一、法规简史与主要法规

本报告所提美国国家公园立法是指与美国国家公园有着直接联系的相关立法，虽然美国早期的一些立法如《宅地法》等，与后来国家公园的产生都有深刻的影响，但是本报告不涉及对这些立法的讨论。根据美国国家公园发展的历史，美国国家公园立法过程大致可以划分为以下两个阶段：

### 1. 立法初创阶段（1864~1918 年）

1864 年至 1918 年是国家公园、战争公园、国家公园管理局通过立法产生的阶段，在保护与利用矛盾尖锐的早期，国会立法为国家公园体系的初步成长产生了积极的作用。立法成为这个阶段的主题，产生了多项具有开创性的立法。

1864 年 6 月 30 日，在经两院讨论通过后，美国总统林肯签署了第一项与国家公园有着直接联系的法律，即《关于授权优胜美地谷蝴蝶林（Mariposa）内的美洲杉巨木林给加州政府的法案》，使得优胜美地成为美国第一座州立公园。这是美国放弃土地转让、设置公共游憩用地的最早范例。

1872 年 3 月颁布的《关于划拨黄石河上游附近土地为公众公园专用地的法案》，是美国国家公园发展史上最为重要的立法之一，它标志着美国（世界）第一座国家公园——黄石公园的诞生。

1889 年第 50 届国会第二次会议通过的《关于要求内政部修复和保护卡萨格兰德遗址的立法》是美国在文化遗产保护方面的最早立法。

1890 年 8 月国会通过了《建立奇卡莫嘎—卡塔努嘎国家战争公园的法案》，建立了美国的第一座战争公园，归由国家战争部管理。

1916 年 8 月通过的《关于建立国家公园管理局及相关目的的法案》（以下简称《组织法》或《国家公园法》）直接促成了国家公园管理局的建立，将当时的"公园、纪念地、保留地"全部纳入国家公园的管理之下，并要求内政部制定必要的规定和法规，促进公园管理局的管理，该法成为今天国家公园体系的法律基石。

1894年5月《黄石公园内的鸟类和动物保护及违禁惩戒法案》（以下简称《禁猎法》）规定"公园内禁止任何时间捕猎、杀害、致伤、捕捉鸟类或野生动物的所有行为，除危险动物可能伤及人的生命或导致受伤的情况外；禁止捕鱼"，并要求内政部"制定和公布"与此法案相对应的"规定和法规"，以对类似行为进行约束和惩戒。

1906年7月国会通过了《美洲遗迹保护法案》（以下简称《古迹法》）规定"只要是出于保护历史或科学价值的需要，在土地由美国政府控制或所有的情况下，总统有权直接宣布成立国家纪念地……"规定"破坏古迹的行为将被处于500美元的罚金或入狱90天以下，或罚金和入狱并处"。

由于国家公园管理局初步建立，法规建设在这一阶段上几乎没有什么建树。但是，值得一提的是，美国景观设计之父奥姆斯特德于1865年完成的"优胜美地管理报告"，以及李恩部长于1918年5月13日给马瑟局长写的关于国家公园管理的信函，这两份文件为后来国家公园的法规建设奠定了重要的思想基础和指导，很多后期的管理思路都可以从这里找到源头。

### 2. 法规管理体系形成阶段

优胜美地赫奇赫奇事件之后，国会1921年3月通过了《联邦电力法案修正案》，规定在没有国会特别授权的情况下，不得在国家公园或国家纪念地界地内修建水坝、水道、水库、电站、传输线路，或者其他积水或输水工程

《管理者关于过度开发的决议》，在1922年11月的国家公园大会上形成。决议认为：虽然为了实现国家公园给民众带来健康娱乐和教育的任务，应该修缮道路和步道，为游客提供充裕的住宿条件，以及对其他状况作相应改善，但是必须明确禁止公园过度发展的政策。

### 3. 影响国家公园的几项重要立法

美国作为国家公园建设的先驱，在经营管理方面也为其他国家树立了典范。其管理模式以中央集权为主，自上而下实行垂直领导并辅以其他部门合

作和民间机构的协助。由 1872 年的黄石公园法案建立世界上第一个国家公园起，美国的国家公园体系历经 1916 年国家公园管理局建立法案、1970 年的通用权威法案和 1978 年红木修正法案等，由原来的多名称多部门管理的不同的保护单位统一为一个完整的国家公园系统，实行国家管理、地区管理和基层管理的三级垂直领导体系，其最高行政机构为内务部下属的国家公园管理局，负责全国国家公园的管理、监督、政策制定等，下设 7 个地区办公室，分别为阿拉斯加地区、中部地区、中西部地区、国家首都区、东北地区、太平洋及西部地区和东南部地区。这些地区办公室直接管理所属区域的各国家公园管理处，地方政府不得插手国家公园的管理，以"管家"自居的美国国家公园管理处，负责公园的资源保护、参观游览、教育科研等项目的开展及特许经营合同出租。国家公园体系运营和保护的主要资金来源是国会的财政拨款，占 90% 以上。公园依靠特许经营、门票和其他收入实现部分自谋收入。

在法制方面，美国从第一个国家公园的建立，到国家公园系统的形成都伴随着法律的制定、颁布和实施。关于国家公园的任何决策、管理、经营、建设都是按照法律规定的程序进行，相关的各种法律也极为完备和详细。就连公民及社会团体也是通过法律，对国家公园的有关事务进行监督。

## 二、立法体系

### 1. 立法沿革

（1）国家公园系统形成的立法沿革

美国最早的公园立法始于 1864 年，国会放弃对优胜美地的土地转让，建立了优胜美地州立公园，但是，真正意义上的国家公园立法则始于 1872 年的《黄石国家公园法案》。从 1872 年至今，从立法的发展和变化，我们可以认识到国家公园系统形成的轨迹。

在国家公园建立的早期（1872~1916 年），国家公园系统完成了从无到有的突破，《黄石国家公园法案》建立了首个国家公园；《建立奇卡莫嘎—卡塔努嘎国家战争公园的法案》首个国家战争公园（最早划归战争部管理，1933 年划归国家公园管理局），《组织法》建立了国家公园系统的管理机构——国家公园管理局。

国家公园系统管理类别的增加和管理单元的扩大首先得益于 1933~1952 年的发展期，《历史地保留法案》授权内政部通过国家公园管理局保护、调查和登录国家历史地（National Historic Site），《公园、景观廊道及娱乐区研究法案》授权国家公园管理局对潜在的有价值的公园、景观廊道及娱乐区进行调查和登录，此外，公园管理局还在这个时期接管了战争部和农业部战争公园和国家纪念地；其次，1964 年通过的《荒野法》，以及 1968 年通过的《国家自然与风景河流法案》和《国家步道系统法案》，进一步扩大了国家公园系统的管理类别和单元。

国家公园系统作为一个体系被普遍认同得益于 1970 年的《一般授权法》，国家公园系统的概念在该法案中找到了认可和依据："国家公园系统，自 1872 年黄石公园建立开始，已经包含了美国及其领地和岛屿内最优品质的自然、历史和娱乐区域。这些区域，尽管存在特色上的差异，但是它们彼此间的内在目的和资源上的联系，使它们组成了代表国家遗产的唯一集体表述——国家公园系统。"

（2）生态系统保护理念形成的立法沿革

生态系统保护是国家公园的基本保护目标，但是这一理念在 19 世纪 70 年代以后才得到真正的认识。早在 19 世纪 30 年代，野生动物学家怀特和他的助手就指出：由于边界和面积大小的限制，美国的黄石国家公园并不是一个完整的生态系统。怀特极力游说政府官员，要求扩大黄石国家公园的规模，重新划定能够反映大哺乳动物生物需求的公园边界。可惜，这些早期的统一资源管理与生态学、景观尺度的系统管理思想，并未能在实践中得到应用和实现。

自马瑟（国家公园第一任局长）时代以来，国家公园的保护一直都奉行一种所谓"气氛保护"（Atmosphere Protection）的景观保护思想，重点保护自然资源的景观价值，而对资源的生态价值没有任何强调。在这一思想的影响下，公园管理者在动植物管理中犯了很多严重的错误，如为了给游客提供更多狩猎动物和钓鱼的机会，管理者设法消灭位于国家公园食物链顶层的掠食动物（如狼），并引进外地鱼种到国家公园的水域；人工干预生态系统的正常代谢（如非人为原因产生的小范围的火灾）等。19世纪50年代中期到60年代初，国家公园管理局的管理和指导思想受到了一连串的批评和攻击。

1969年颁布的《国家环境政策法》为国家公园建立以生态系统为主的管理目标和理念提供了法律依据，国家公园系统在20世纪70年代明确了保护应以维持生命系统原有的生态关系为首要原则的思想，国家公园建立的目的主要是维护或恢复每一个单元内的生命组织关系，使其保持在"当白人首次到访时的状态"。

20世纪70年代至今，国会以立法的形式，通过了很多国家公园扩大管理面积和范围，以完好保护生态系统的要求。生态系统保护理念已经深刻融入国家公园保护系统中。

（3）文化遗产保护理念形成的立法沿革

1889年《关于要求内政部修复和保护卡萨格兰德遗址的立法》是美国最早的关于文化遗产保护的立法。1890年《建立奇卡莫嘎—卡塔努嘎国家战争公园的法案》首次把战争地作为一种文化遗产形式保护起来。为了禁止非法挖掘及破坏古物的行为，国会1906年通过美国的第一部文物保护法案《古迹法》，该法成为美国文化遗产保护的基石。1935年颁布的《历史地保护法》进一步扩大了文化遗产保护的范围，规定"保护建筑和所有具有国家重要意义的事物"。

随着保存历史的观念深入人心，就在第一部文物保护法案公布后的60年，国会又通过了《国家历史保存法案》（*National Historic Preservation Act*）的这部新法案，法案认为"保护文物古迹是为了保存历史，或者说是为了保存历史而保护文物古迹，一切保护措施都是从保存这个根本理念出发的"。法案还将文化资产分为以下三类：第一类所有受国家公园局保护的文化资产及自然资产。第二类由内政部部长指定全国 2300 处对美国人民具有重要性的文化资产。第三类由政府、组织及个人提名对国家、州或小区具有重要意义的文化资产。

1979 年《考古资源保护法案》对考古资源包含的所指范围做了法律规定：具有一百年以上的所有人类活动的物质遗留，不局限于历史建筑与街区、国家公园、陶器、竹篮编器、瓶罐、武器、箭头、工具、建筑遗存、灰坑等对象。1990 年颁布的《美国原住民墓地保护与文物归还法案》规定：如果美国原住民提出要求，联邦经费赞助的研究机构或博物馆，就得归还在联邦或部落土地上挖掘出来的印第安人遗物或其祖先的骸骨。接受联邦补助之博物馆应将人类遗骨与墓地物品（陪葬品）"归还"给美洲原住民之后裔或后裔团体，同时也必须知会此类后裔，该馆藏品中具有美洲原住民之圣物或具有文化重要性之对象。

### 2. 立法程序

国家公园的法律与法规是国家公园管理过程中的主要管理依据和手段。国家公园相关法律与美国其他类型的法律的立法程序是一致的。

首先，由国会成员提请一项国家公园的相关立法议案；议案经过国会上议院和众议院通过后，会被送达总统那里，总统可以决定同意或反对该议案，如果总统反对该议案，则必须以 2/3 再次通过，议案才能成为法律；议案通过后形成的新法律（new law）被称为法案（act）；法律一经通过，众议院负责完成法律条文的标准化工作，并编入《美国联邦法律编纂》（联邦法律的官方纪录）中。

法律虽然制定和颁布了，但是并不意味着法律就能规范具体日常事务，从法律到真正执行还需要一个媒介，法规就是这个媒介。由于法律通常较为宏观，不可能包含对具体细节做精确的要求，因此作为国家公园的最高管理部门——内政部在法律颁布后，必须制定相应的法规，对哪些行为合法、哪些为违法做出明确的规定，以在日常活动中落实法律的精神。

内政部首先要决定制定法规的必要性。通过调查和研究，在认为必需的情况下，内政部可以提议制定法规。法规提议会首先在联邦政府公报中刊登，以便公众看到，并提出他们的意见建议。内政部在总体考虑这些意见建议后，会对法规作相应的修改，形成终稿。在法规制定的过程中，内政部都必须在联邦政府公报中公布进展通告，法规一经完成，并作为终稿在联邦政府公报中公布后，法规将被录入《美国联邦法规编纂》。

### 3. 法律体系

美国国家公园的法律体系可以分为四层结构，分别为核心立法、类别立法、管理立法和区域性立法。核心立法即1916年的《组织法》和1970年的《国家公园系统一般授权法》，是国家公园系统存在的基石。类别立法是促成国家公园系统管理类别增加和形成的立法。管理立法对国家公园系统的管理做了法律约束。区域性立法是针对个别地域制定的适宜性法律。

国家层面制定的资源管理、环境保护、公共社会关系等方面立法构成了国家公园法律体系的外部立法环境，国家公园的管理也必须遵守这些法律。

# 后　记

　　无数野生植物生长在那里，一群群的野生动物自由奔跑，壮美的景观充满自然之美，一切还保存着自然的原始状态，多样文化共存。国家公园不仅是森林河流之源泉，更是生命之源泉。中国国家公园体制的建设，是对我国国情的深刻把握，也是对民族命运的理性思考，更是对人民福祉的责任担当。国家公园建设从一开始就面临发展与保护的博弈，极高的保护价值、脆弱的生态环境以及欠发达地区的发展冲动间的矛盾，一直是国家公园建设争议的焦点。

　　近几年的政策利好和试点实践已经为国家公园的发展大计奠定了坚实的基础，随着近几年国家对国家公园建设的大力度推进和支持，"机构整合""理顺管理体制"，一个个国家公园体制改革的探索被充分讨论及实践，国家公园也不断向前迈出实质性的跨越。我们有信心通过科学的体制探索保护神州大地那一处处壮美瑰丽的自然风景，使我们徜徉在神奇自然怀抱中的同时，为子孙后代看好这份无可替代的珍贵财富。

　　"有世界级资源禀赋，就要有世界级国家公园"，愿独具特色的中国国家公园能够在无数有识之士的齐心协力下一起见证、共建、共享。

　　不忘初心，牢记使命，国家公园，你我同行。

责任编辑：李冉冉
责任印制：冯冬青
封面设计：中文天地
封面摄影：周广山

**图书在版编目（CIP）数据**

国家公园：他山之石与中国实践 / 杨彦锋等著．--
北京 ： 中国旅游出版社，2018.7
ISBN 978-7-5032-6067-4

Ⅰ．①国… Ⅱ．①杨… Ⅲ．①国家公园－建设－研究
－中国 Ⅳ．① S759.992

中国版本图书馆 CIP 数据核字（2018）第 159534 号

书　　名：国家公园：他山之石与中国实践

作　　者：杨彦锋等著
出版发行：中国旅游出版社
　　　　　（北京建国门内大街甲9号　邮编：100005）
　　　　　http://www.cttp.net.cn　E-mail:cttp@mct.gov.cn
　　　　　营销中心电话：010-85166503
排　　版：北京旅教文化传播有限公司
经　　销：全国各地新华书店
印　　刷：北京盛华达印刷有限公司
版　　次：2018年7月第1版　2018年7月第1次印刷
开　　本：720毫米×970毫米　1/16
印　　张：15
字　　数：201千
定　　价：49.80元
ＩＳＢＮ　978-7-5032-6067-4